CHANGJIAN KAIGUANLEI SHEBEI ERCI HUILU
YUANLI JI GUZHANG FENXI

常见开关类设备二次回路
原理及故障分析

广东电网有限责任公司东莞供电局　组编

内 容 提 要

为总结常见开关类设备二次回路的运维经验，进一步提升运维人员对故障的分析与处理能力，本书精选了一系列涉及断路器及隔离开关设备二次回路的经典故障案例，设备电压等级涵盖 500kV、220kV 及 110kV，书中对相应二次回路原理及故障实例进行了详细阐述和分析。

本书所选案例具有一定的普遍性和代表性，可供变电运行、检修、继电保护、通信、自动化专业从业人员日常学习和现场分析时使用，亦可供相关管理人员参考。

图书在版编目（CIP）数据

常见开关类设备二次回路原理及故障分析／广东电网有限责任公司东莞供电局组编．—北京：中国电力出版社，2021.2（2024.9重印）
ISBN 978-7-5198-5417-1

Ⅰ．①常… Ⅱ．①广… Ⅲ．①开关电源—二次系统—故障修复 Ⅳ．①TN86

中国版本图书馆 CIP 数据核字（2021）第 035384 号

出版发行：中国电力出版社
地　　址：北京市东城区北京站西街 19 号（邮政编码 100005）
网　　址：http://www.cepp.sgcc.com.cn
责任编辑：苗唯时（010-63412340）
责任校对：黄　蓓　朱丽芳
装帧设计：郝晓燕
责任印制：石　雷

印　　刷：北京锦鸿盛世印刷科技有限公司
版　　次：2021 年 2 月第一版
印　　次：2024 年 9 月北京第四次印刷
开　　本：710 毫米 ×1000 毫米　16 开本
印　　张：7.25
字　　数：115 千字
定　　价：56.00 元

版权专有　侵权必究

本书如有印装质量问题，我社营销中心负责退换

编 委 会

荣誉主编 姚俊钦

主　　编 吴　俊　宁雪峰

副 主 编 黄永平　王永源　芦大伟

编写人员 （排名不分先后）

莫镇光　孔惠文　邱晓丽　夏云峰　李元佳

刘利红　林志强　张海鹏　李　龙　温景和

陈泽鹏　秦立斌　吴国锋　吴超平　陈松裕

纪丹霞　苏梓轩　潘　维　冯永亮　钟世杰

李帝周　张智华　陈文睿　谢肇轩　刘贯科

程天宇　黎海添　王志锋　曾秀文

前　言

变电设备的运行维护工作对保障电网的安全稳定具有十分重要的意义。正确分析设备缺陷、故障产生原因，有助于现场人员采取合理的处理措施，缩短事件抢修时间，有效预防事故的发生及扩大。为了应对随时出现的各种故障，运行人员不仅要具备娴熟的操作技能、丰富的专业知识和运行经验，还要对常见故障分析了然于胸，这样才能对运行异常和故障原因作出正确的判断和处理，以保证电力系统安全稳定运行。

为总结常见开关类设备二次回路原理及故障处理经验，进一步提高相关人员分析故障、处理故障的能力，有效防范电气故障的发生和扩大，广东电网有限责任公司东莞供电局特组织生产一线专业技术人员编写了本书。

本书详细介绍了500kV、220kV和110kV三个电压等级的断路器和隔离开关二次回路的基本原理，并对故障实例进行了详细的分析。书中故障处理方法理论联系实际，图文并茂，具有实用易学、通俗易懂等特点。

本书在编写过程中得到了很多电力系统技术人员的大力支持，感谢他们为本书提供的大量珍贵资料。书中大量的现场照片及分析资料凝聚了运行、继电保护和相关管理人员的心血，在此深表感谢。

由于时间仓促，书中不妥之处恳请广大读者和同仁批评指正。

编者

2020年6月

目　　录

第一篇

典型断路器

第一章　500kV 断路器二次回路的基本原理及故障实例分析

第一节　500kV 断路器二次回路的基本原理

一、控制回路的基本组成

500kV HGIS 断路器控制回路主要用于控制断路器分合闸、保护跳闸及自动重合闸。主要由测控屏内断路器测控单元、断路器保护屏内操作箱、500kV 高压场地 HGIS 汇控箱及机构箱等部分组成。如图 1-1 所示，控制回路电源分为两路，第一路用于合闸、重合闸及分闸、保护第一组出口跳闸，其电源空气开关为 4K1；第二路用于分闸及保护第二路出口跳闸，电源空气开关为 4K2。

电力系统中对断路器控制回路有以下几点基本要求：

（1）既能进行手动分合闸操作，又能配合保护和自动装置出口自动分合闸操作，分合闸操作完成后，分合闸线圈应能迅速可靠失电，以免分合闸线圈烧坏。

（2）能够反映断路器的位置状态，并具有监视分合闸回路完好性的能力。

（3）具有防止断路器多次“跳跃”的闭锁回路。

（4）断路器的操作动力消失或不足时，应能联锁断路器动作，并发出闭锁信号。

以上几点基本要求通过断路器控制回路实现，本书将在接下来的篇章对 500kV HGIS 断路器合闸回路、分闸回路、防跳回路、压力闭锁回路、储能回路进行分析。

二、测控屏

500kV HGIS 断路器测控单元操作方式可分为监控后台操作、测控屏操作。测控回路如图 1-2 所示。

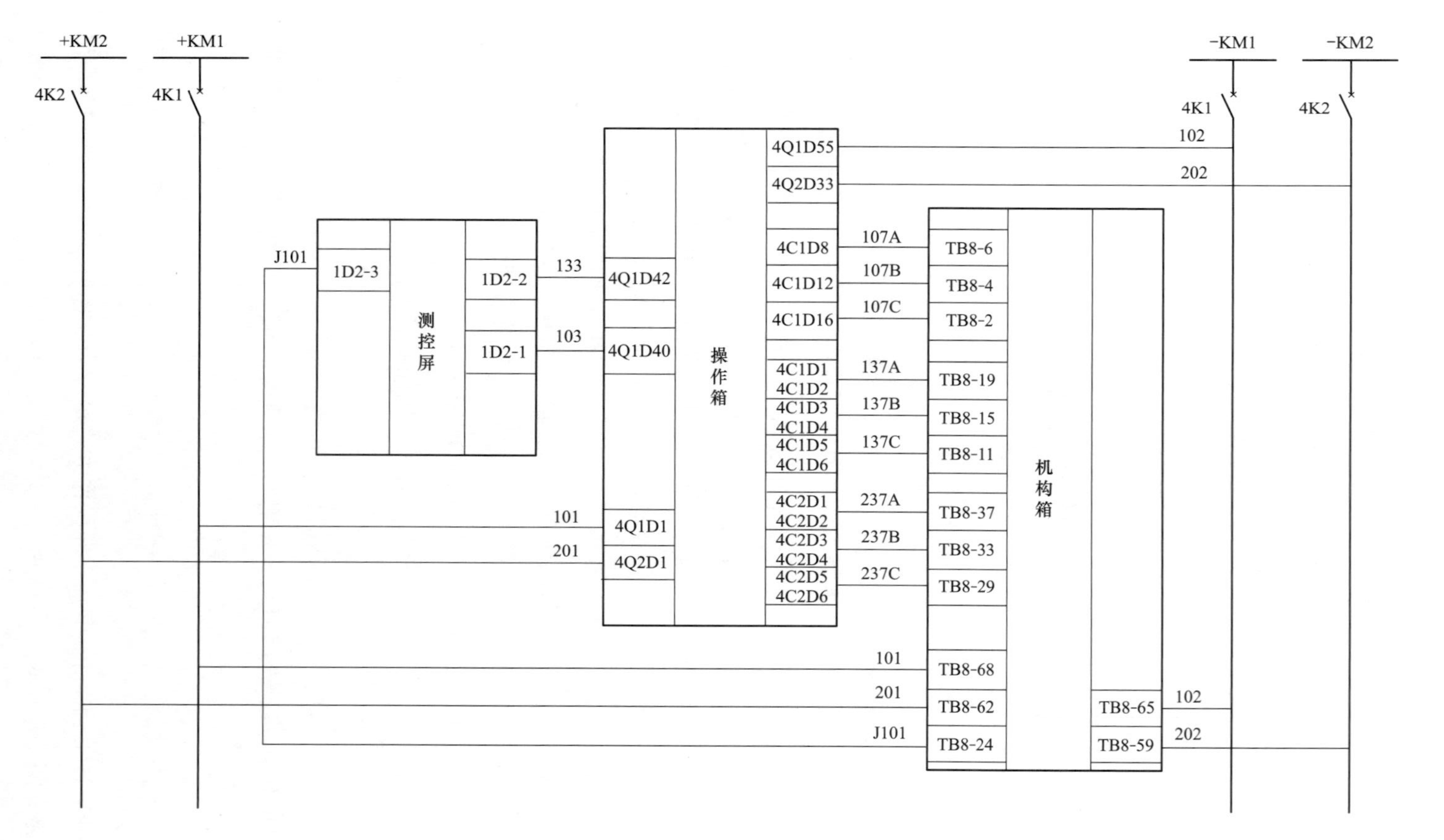

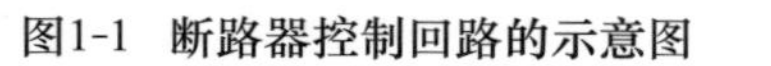
图1-1 断路器控制回路的示意图

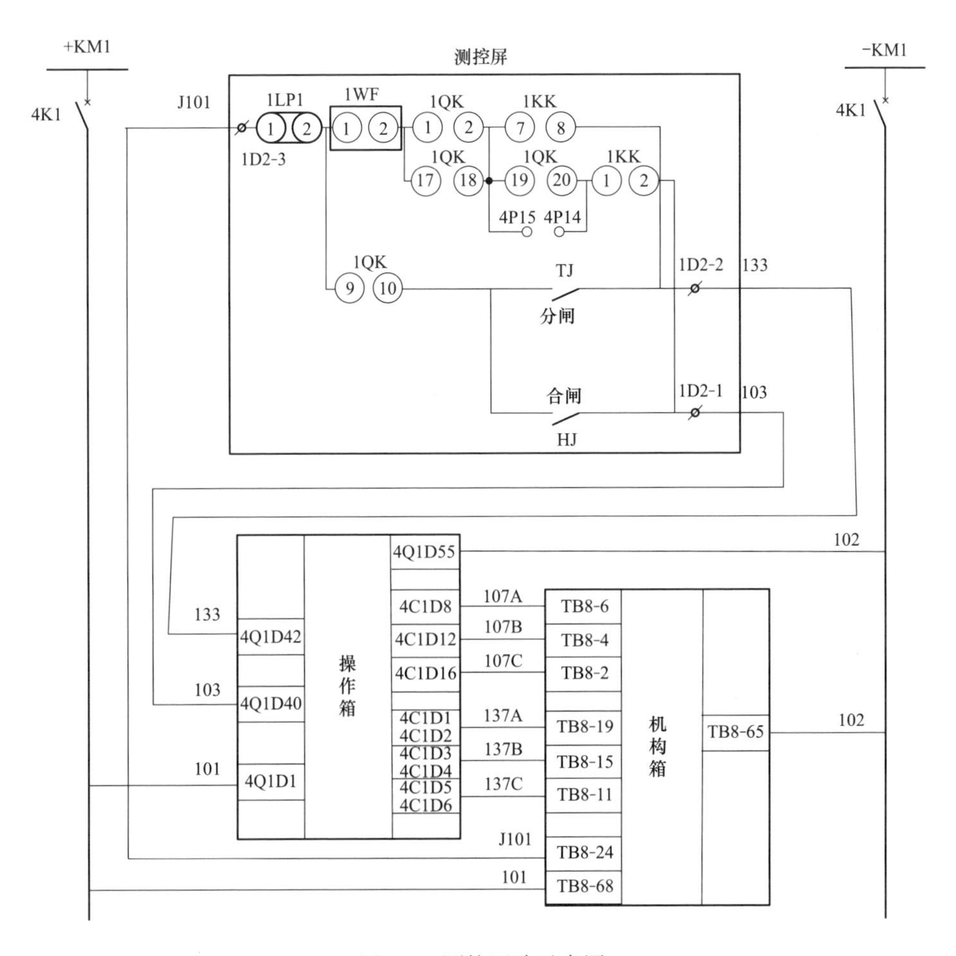

图 1-2　测控回路示意图

1. 监控后台操作

监控后台操作条件如下。

（1）辅助屏（操作箱）：控制电源投入。

（2）测控屏："远方/就地"切换把手在"远方"位置；遥控出口连接片投入。

（3）汇控柜："远方/就地"切换把手在"远方"位置。

以监控后台操作断路器合闸为例，如图 1-2 所示，由控制电源 J101 接点，经过遥控出口连接片 1LP1、"远方/就地"切换把手 1QK，至后台遥控合闸接点 HJ 接通出口。

2. 测控屏操作

测控屏操作条件如下。

(1) 辅助屏(操作箱):控制电源投入、遥控出口连接片投入。

(2) 测控屏:“远方/就地”切换把手在“就地”位置(需要同期操作时需投入同期连接片)。

(3) 汇控柜:“远方/就地”切换把手在“远方”位置。

测控屏操作包括强制手动合闸、同期手合。强制手动合闸时,如图 1-2 所示,控制电源 J101 接点,经过遥控出口连接片 1LP1、微机五防装置 1WF、“远方/就地”切换把手 1QK 的 17-18、19-20 接点,再通过分合闸把手 1KK 合闸出口。同期手合时,如图 1-2 所示,控制电源 J101 接点,经过遥控出口连接片 1LP1、微机五防装置 1WF、“远方/就地”切换把手 1QK 的 1-2 触点,再通过同期接点 4P15、4P14 判断后,由分合闸把手 1KK 合闸出口。

三、操作箱

断路器操作箱内回路包括合闸回路、分闸回路、操作箱防跳回路。

1. 合闸回路分析

由图 1-3 可以看出,监控后台发出合闸脉冲命令后,合闸继电器 1SHJ 接通,从而动合触点 1SHJ 闭合,经由合闸保持触点 SHJA/SHJB/SHJC 形成自保持回路,经过防跳辅助触点 1TBUJA/1TBUJB/1TBUJC、2TBUJA/2TBUJB/2TBUJC,由 107A/107B/107C 出口至机构箱形成回路导通,断路器合闸。

2. 分闸回路分析

由图 1-4 可以看出,分闸回路分为两路,其控制电源空气开关分别为 4K1、4K2,保证断路器在各种环境下能够可靠分闸。

以第一路分闸回路为例,由监控后台发出分闸脉冲命令后,分闸继电器 STJA/STJB/STJC 接通,从而动合触点 STJA/STJB/STJC 闭合,经由分闸保持触点 11TBIJA/11TBIJAB/11TBIJC 形成自保持回路,经过防跳辅助继电器 12TBIJA/12TBIJB/12TBIJC,由 137A/137B/137C 出口至机构箱形成回路导通,断路器分闸。

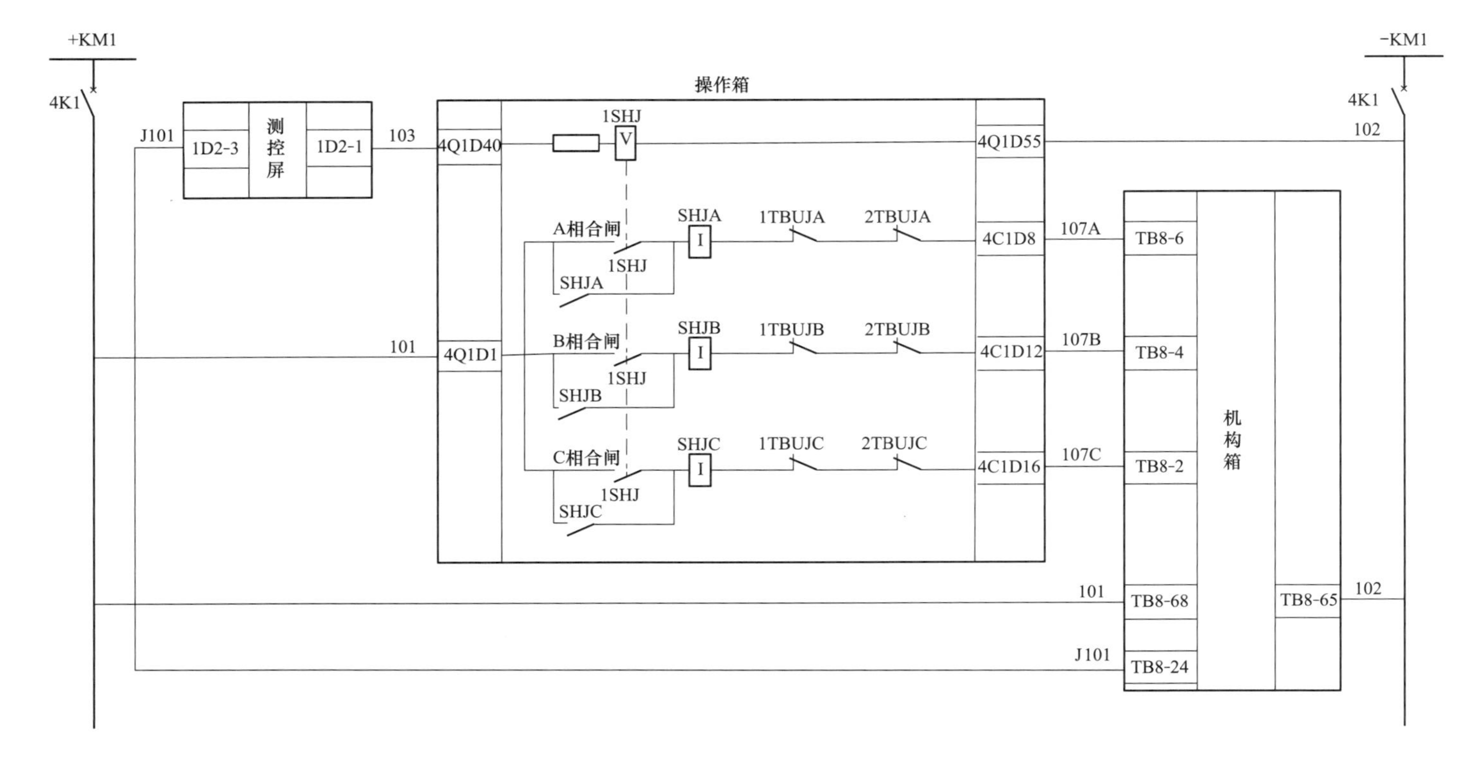

图1-3 操作箱合闸回路图

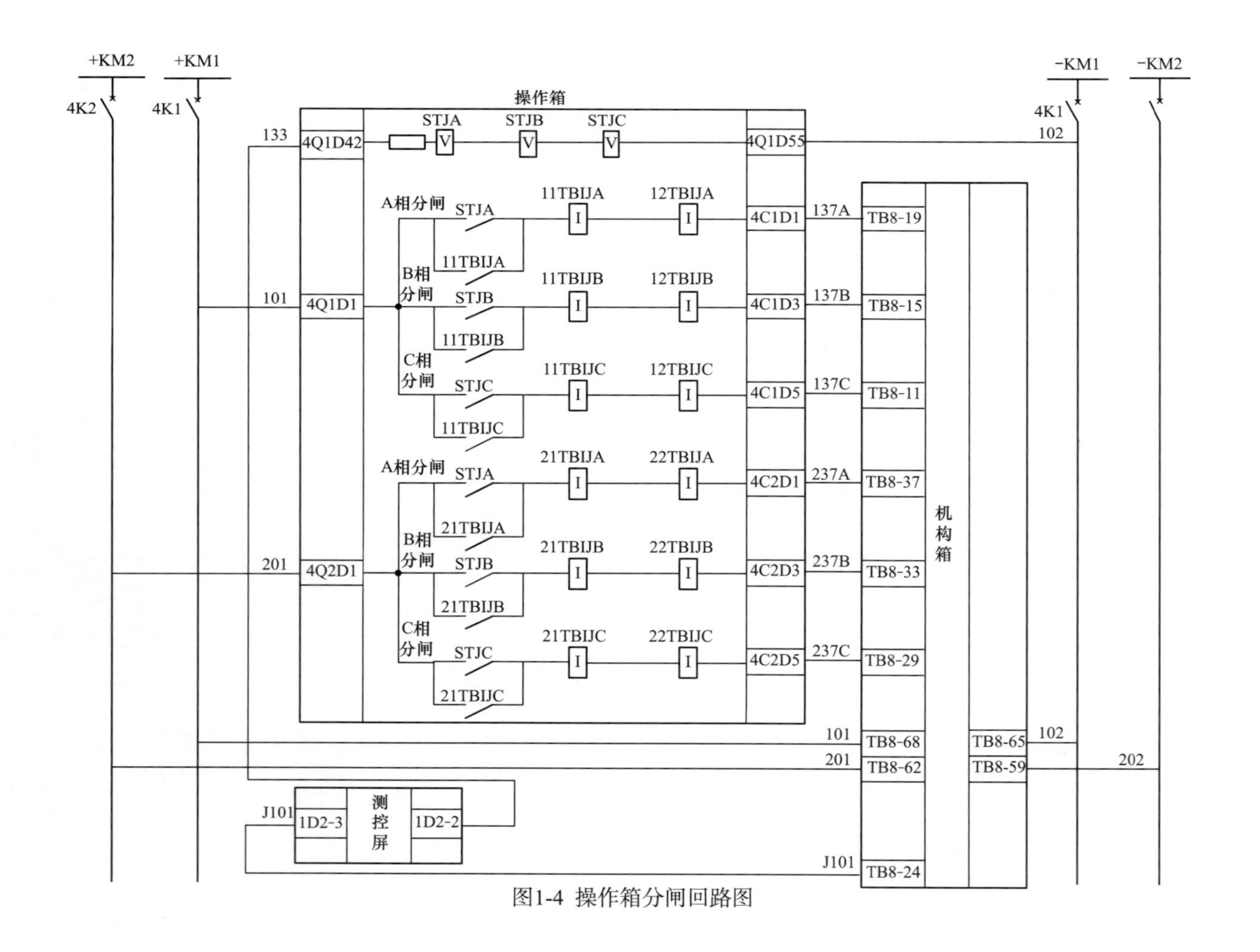

图1-4 操作箱分闸回路图

3. 操作箱防跳回路分析

断路器跳跃是指由于某种原因，控制开关或自动装置的合闸接点未能及时返回（例如人员操作分合闸把手在合闸位置过长、分合闸把手合闸接点粘连、重合闸接点粘连），线路发生永久性故障时，造成断路器不断重复跳—合—跳—合的过程，若断路器发生跳跃，会导致设备承受故障电流多次冲击，将损坏设备甚至造成爆炸。

断路器防跳回路的本质是防合，即将断路器保持在跳闸状态。

以 A 相为例，操作箱防跳回路（A 相）如图 1-5 所示，若是控制开关或自动装置的合闸接点未能及时返回，合闸继电器 1SHJ 一直导通，线路发生永久性故障跳闸，断路器分闸过程中防跳辅助继电器 12TBIJA 得电励磁，此时，防跳回路经串联电阻、防跳辅助触点 12TBIJA、防跳辅助继电器 1TBUJA 接通，进一步使防跳自保持继电器 2TBUJA 接通，使得合闸回路中防跳动断触点 1TBUJA、2TBUJA 断开，导致合闸回路无法导通，从而实现断路器防跳功能。

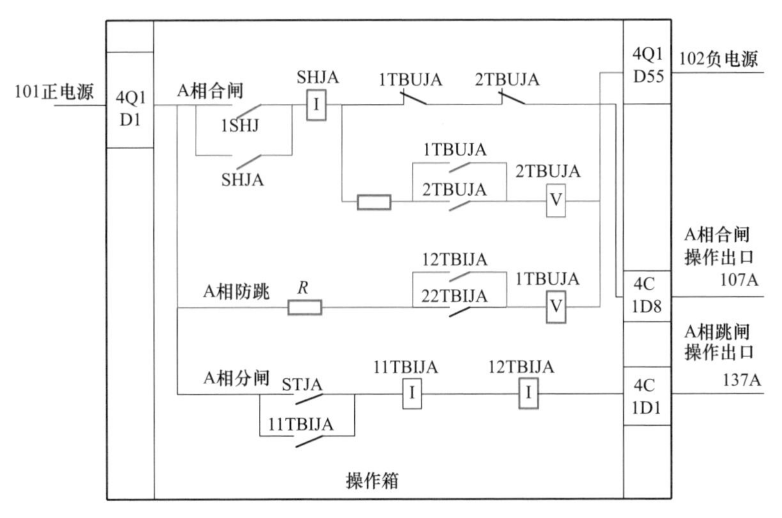

图 1-5　操作箱防跳回路（A 相）

四、机构箱

断路器机构箱内回路包括合闸回路、分闸回路、机构箱防跳回路、压力闭锁回路、电机储能回路。

1. 合闸回路分析

如图 1-6 所示，“远方/就地”转换把手 43LR 选择“远方”时接点 3-4 导

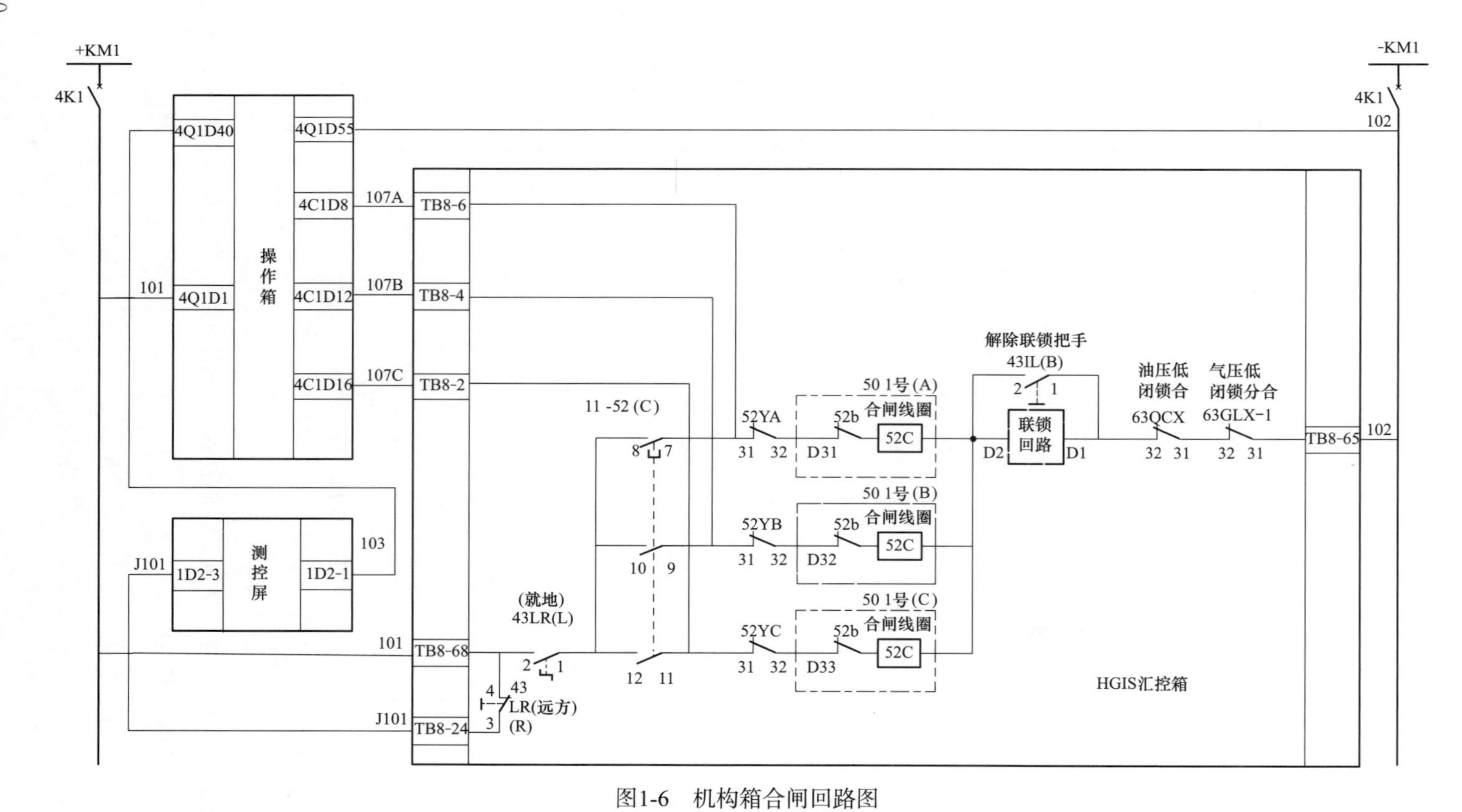

图1-6　机构箱合闸回路图

通，合闸信号经测控单元、操作箱出口至汇控箱，连接汇控箱防跳接点 52YA/52YB/52YC、断路器分位位置接点 52b、合闸线圈 52C、联锁回路、油气闭锁接点形成回路导通，断路器合闸。

“远方/就地”转换把手 43LR 选择“就地”时触点 1-2 导通，将合闸把手 11-52 拧至“合闸”位置，8-7、10-9、12-11 接通，连接汇控箱防跳接点 52YA/52YB/52YC、断路器分位位置接点 52b、合闸线圈 52C、联锁回路、油气闭锁接点形成回路导通，断路器合闸。

2. 分闸回路分析

如图 1-7 所示，机构箱分闸回路分为两路。以第一路分闸回路为例，“远方/就地”转换把手 43LR 选择“远方”时触点 3-4 导通，分闸信号经测控单元、操作箱出口至汇控箱，连接串联电阻 R_3、断路器合位位置接点 52a、分闸线圈 52T-1、油气闭锁触点形成回路导通，断路器分闸。“远方/就地”转换把手 43LR 选择“就地”时触点 1-2 导通，将合闸把手 11-52 拧至“分闸”位置，1-2、3-4、5-6 接通，连接串联电阻 R_3、断路器合位位置接点 52a、分闸线圈 52T-1、油压、气压低闭锁节点形成回路导通，断路器分闸。

3. 机构箱防跳回路

以 A 相为例，机构箱防跳回路（A 相）如图 1-8 所示，汇控柜就地操作时，远方/就地切换把手 43LR 在“就地”位置，触点 1-2、21-22 闭合，断路器合位位置接点 52a 在断路器合闸状态时闭合，若是合闸把手 11-52 的触点 7-8 粘连，则机构箱防跳回路（标红回路）导通并自保持，防跳继电器 52YA 得电励磁，导致合闸回路中的动断触点 52YA 31-32（具体接点可见图 1-6 机构箱合闸回路图所示）断开，线路永久故障跳闸时，合闸回路因 52YA 接点断开而不导通，从而实现防跳功能。

4. 压力闭锁回路

断路器压力闭锁回路包括油压闭锁回路和气压闭锁回路。

（1）油压闭锁回路。油压闭锁回路如图 1-9 所示，当油压表压力正常时，压力操作开关 63QC、63QT-1、63QT-2 打开。若油压闭锁值设定如表 1-1 所示，当压力下降到 27.0 时，压力操作开关 63QC 闭合，油压低闭锁合闸重动继电器 63QCX 励磁，闭锁断路器合闸；当压力下降到 25.5 时，压力操作开关 63QT-1、63QT-2 闭合，油压低闭锁跳闸重动继电器 63QTX-1、63QTX-2 励磁，闭锁断路器分闸。

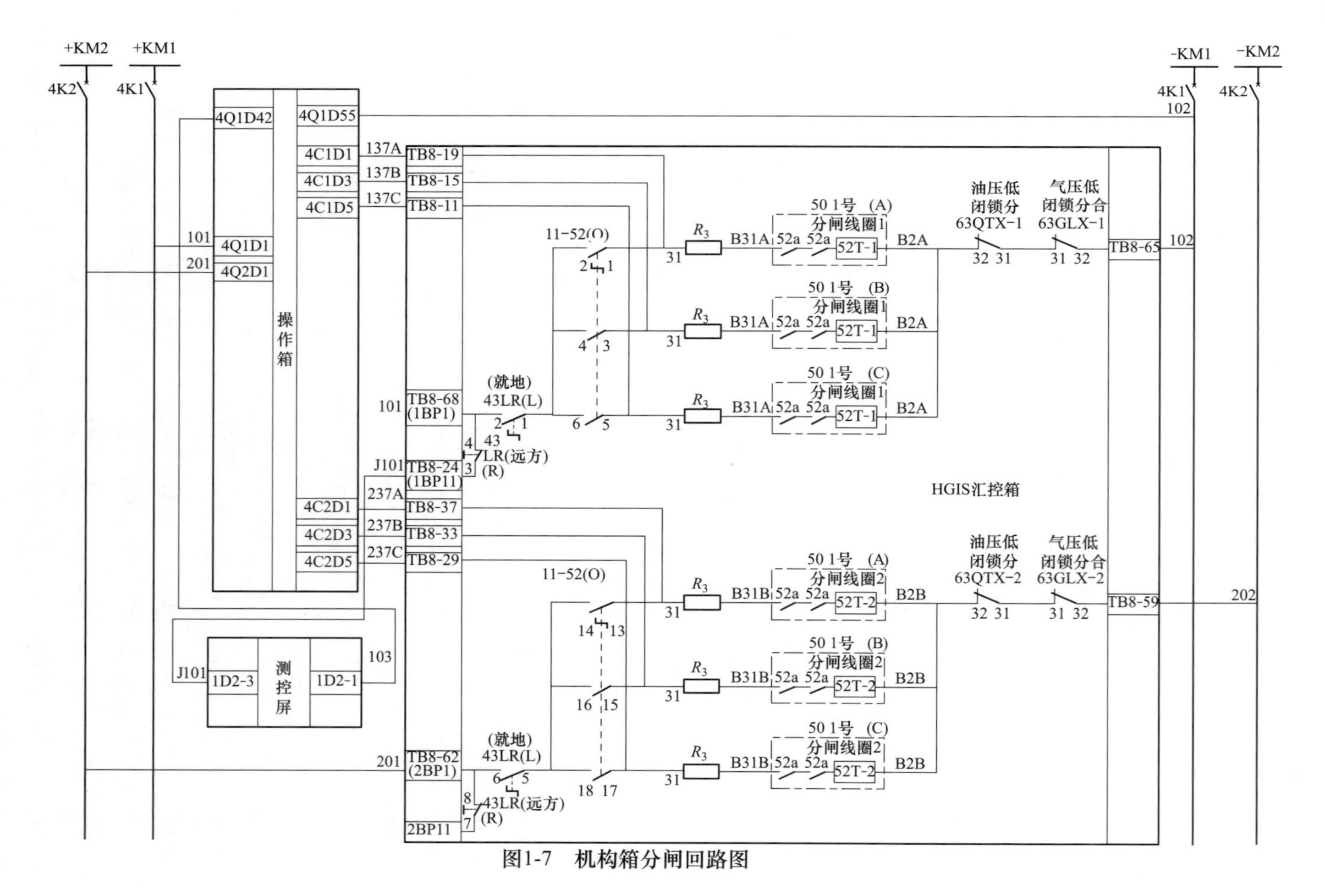

图1-7 机构箱分闸回路图

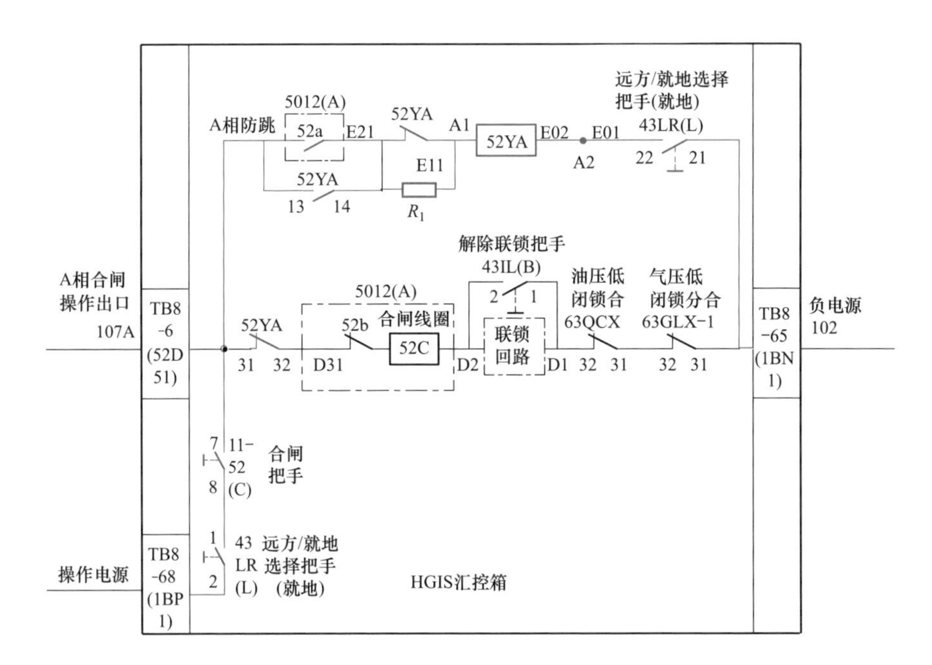

图 1-8 机构箱防跳回路（A 相）

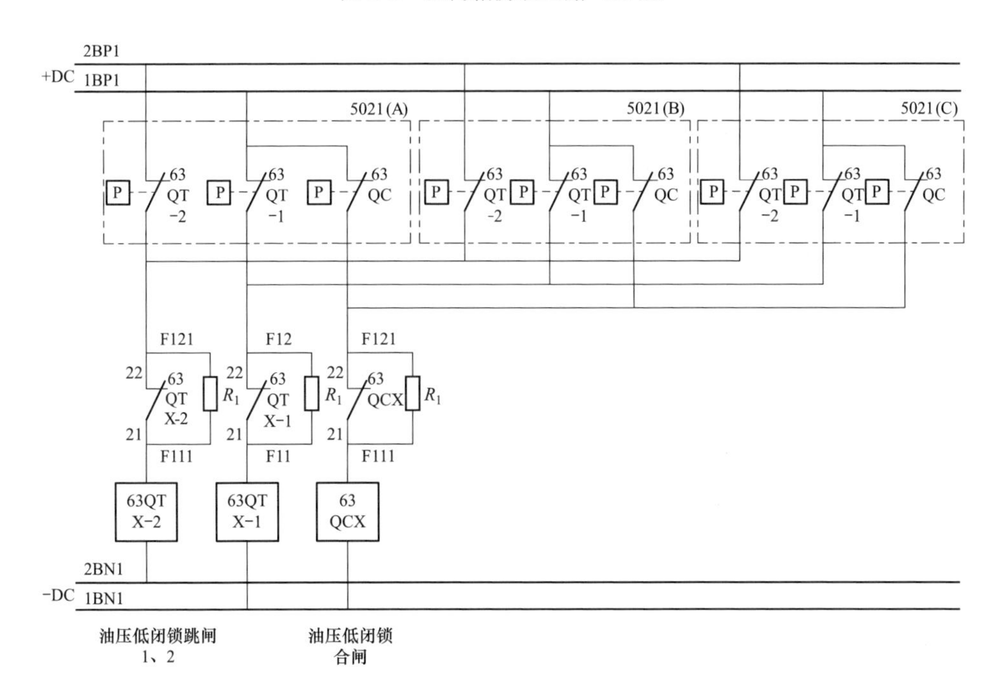

图 1-9 油压闭锁回路

表 1-1 油压闭锁值 单位：MPa-g（表压力）

名称	设定	复位
63QT-1/2	25.5	26.5
63QC	27.0	28.0

（2）气压闭锁回路。气压闭锁回路如图 1-10 所示，当气压表压力正常时，压力操作开关 63GL-1、63GL-2 打开。气压闭锁值设定如表 1-2 所示，当压力下降到 0.50 时，压力操作开关 63GL-1、63GL-2 闭合，气压低闭锁跳/合闸重动继电器 63GLX-1、63GLX-2 励磁，闭锁断路器分/合闸。

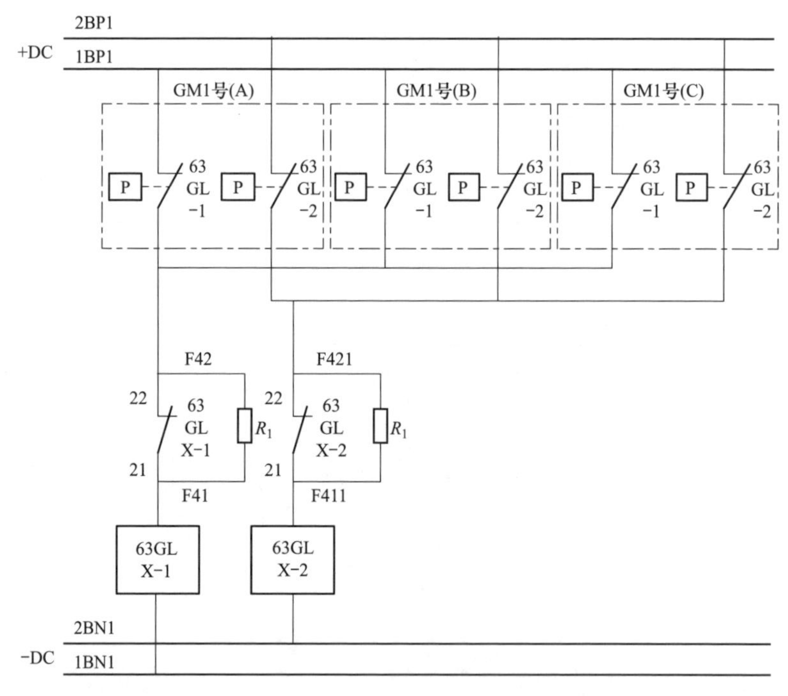

图 1-10 气压闭锁回路

表 1-2 气压闭锁值 单位：MPa-g（表压力）

名称	设定	复位
63GL-1/2	0.50	0.55

5. 储能回路

如图 1-11 所示为断路器储能回路，当压力正常时，压力操作开关 63QG 打

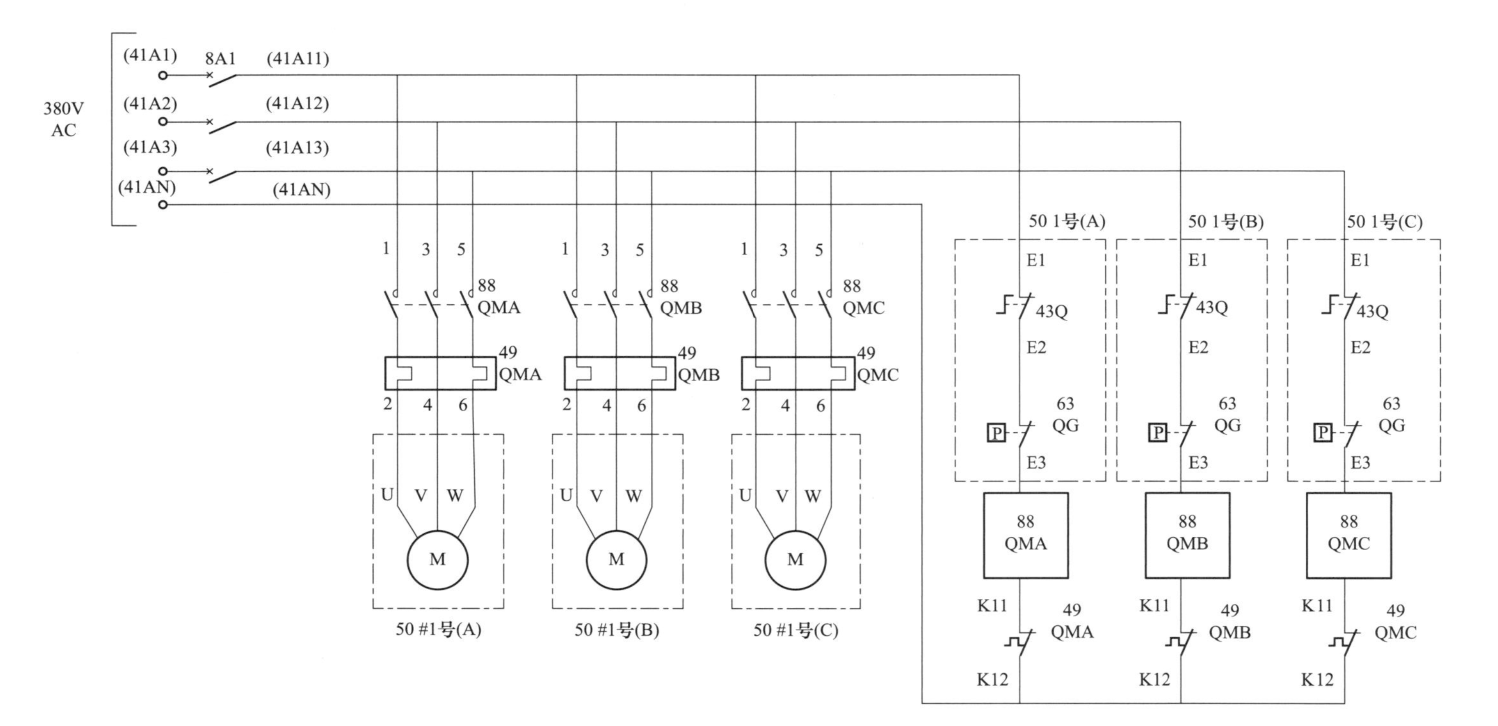

图1-11　断路器储能回路

开。油泵用油压闭锁值设定如表 1-3 所示，当油泵油压下降至 31.5 以下时，压力操作开关 63QG 闭合，三相电源经空气开关 8A1、油泵控制把手 43Q、压力操作开关 63QG、油泵电动机重动继电器 88QMA/88QMB/88QMC、热敏开关 49QMA/49QMB/49QMC 连通至中性线 41AN 形成回路，油泵电动机重动继电器 88QMA/88QMB/88QMC 励磁，油泵电动机接触器 88QMA/88QMB/88QMC 闭合，油泵运转加压，当压力到达 33.5 时，压力操作开关 63QG 打开，油泵控制回路断开，油泵停止运转。

表 1-3　　油泵用油压闭锁值　　单位：MPa-g（表压力）

名称	设定	复位
63QG	31.5	33.5

第二节　500kV 断路器故障实例分析

一、案例一——一起 500kV 断路器 SF_6 闭锁分合闸的异常分析

1. 故障简介

××年××月××日 02：30，500kV BD 变电站事故音响报警，后台监控机报文显示 5023 断路器位置异常，5023 断路器光字牌“气压低闭锁跳合闸”“第一组控制回路断线”闪烁告警。

现场检查发现 5023 断路器三相在合闸位置，三相 SF_6 压力正常。继保室 5023 断路器操作箱面板上跳闸回路监视Ⅰ的三相指示灯熄灭，跳闸回路监视Ⅱ的三相指示灯正常，5023 断路器操作箱图如图 1-12 所示。

图 1-12　5023 断路器操作箱图

500kV BD 变电站采用 3/2 接线，第二串为完全串。

2. 故障分析

SF_6 压力低闭锁回路是断路器安全运行的一项重要保护手段，其闭锁功能的可靠性直接影响着设备乃至整个电网的稳定运行。一般出现断路器 SF_6 气体闭锁的原因有三个：一是 SF_6 气体发生泄漏，导致 SF_6 密度低于整定的闭锁值；二是测控装置误发信；三是 SF_6 气体压力闭锁回路故障。具体分析如下。

（1）SF_6 气体发生泄漏。SF_6 密度表如图 1-13 所示，密度表旁边有两个阀，正常运行时上方阀门处于常开状态，实现密度表气路与断路器本体气路的连通，下方阀门处于常闭状态，用于现场校验、测试和充气。两个阀门开、闭不到位或者断路器气室发生漏气时都可能导致告警。SF_6 密度表处于两个阀之间，带有 SF_6 气体密度降低发信号和闭锁断路器用的接点。当断路器 SF_6 气体压力下降到第一报警值（0.55MPa）时，发出低压报警信号；当断路器 SF_6 气体压力下降到第二报警值（0.5MPa）时，发出气体压力降低闭锁信号。因此 SF_6 气体发生泄漏时，在发出闭锁信号之前，应先发出低压报警信号。

图 1-13　SF_6 密度表

5023 断路器 SF_6 压力低报警回路如图 1-14 所示，图 1-14 中 63GA 为低压报警用 SF_6 密度监视继电器，当压力高于报警值时接点断开，30GA 为 SF_6 低压报警指示器，当断路器 SF_6 气体压力下降到第一报警值（0.55MPa）时，63GA 常闭接点接通，30GA 低压报警指示器动作。同时，30GA 提供一对触点接通信号回路，发出气体压力下降报警信号。

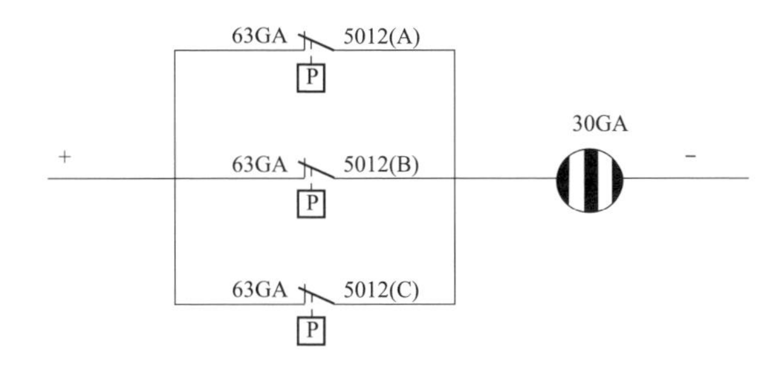

图 1-14　5023 断路器 SF_6 压力低报警回路

故障发生后现场检查 5023 断路器三相 SF_6 压力正常，阀门位置正确，低压报警指示器未动作，且后台无 SF_6 低压报警信号，故障应不属于 SF_6 气体发生泄漏。

（2）测控装置误发信。测控装置将接收到的遥信量通过通信上传至后台，测控装置故障时，可能导致误发信号。当后台出现故障信号，而现场一次设备和保护装置都正常时，测控装置故障的可能性比较大。故障发生后现场检查测控装置运行正常，保护装置和操作箱都出现告警，且接收到的信号有逻辑关系，故障应不属于测控装置误发信。

（3）SF_6 气体压力闭锁回路故障。SF_6 气体压力闭锁跳合闸是通过在断路器控制回路中串联 SF_6 密度继电器的辅助触点实现的，当气压低于设定值时，串联的触点断开控制回路。5023 断路器控制回路断线信号回路图如图 1-15 所示，图 1-15 中 TWJ 为跳位继电器常闭触点，HWJ 为合位继电器常闭触点。正常情况下，TWJ 与 HWJ 一个为励磁，一个为失磁，故常闭触点一个闭合一个打开。故障发生后，后台出“第一组控制回路断线”信号，说明 3TWJ、11HWJ 常闭触点都处于闭合状态，而断路器处于合闸位置且断路器操作箱面板上跳闸回路监视 I 的三相指示灯熄灭，故 11HWJ 失磁的可能性比较大。11HWJ 接在第一组跳闸回路中，用于监视第一组跳闸回路的完整性。

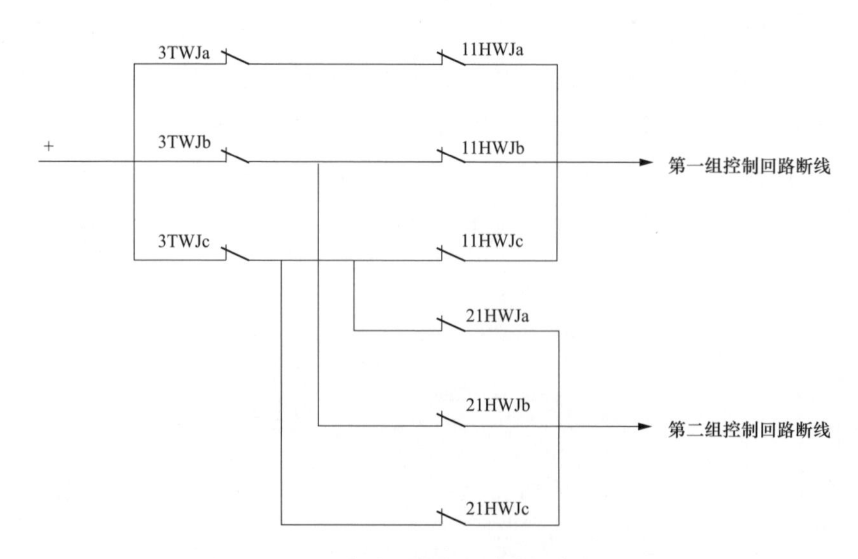

图 1-15　5023 断路器控制回路断线信号回路图

5023 断路器第一组控制回路图如图 1-16 所示，图 1-16 中 TQ 为断路器跳闸线圈，HQ 为断路器合闸线圈，63GLX-1 为 SF_6 压力低闭锁用重动继电器的常闭触点。结合后台出“气压低闭锁跳合闸”信号，判断为 63GLX-1 常闭触点打开的可能性比较大。63GLX-1 常闭触点打开，断开控制回路一，分闸回路一完整性破坏，导致 11HWJ 失磁，出现控制回路断线信号。

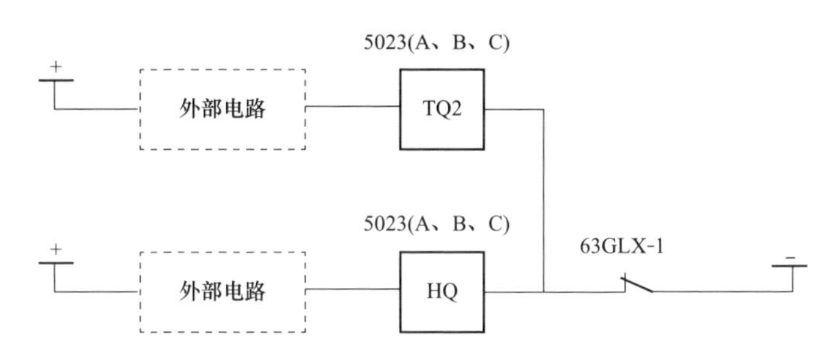

图 1-16　5023 断路器分、合闸控制回路图

SF_6 气体压力闭锁重动继电器回路图如图 1-17 所示，图 1-17 中 63GL-1 为压力低闭锁用 SF_6 密度监视继电器。当断路器 SF_6 气体压力低于整定值（0.5MPa）时，63GL-1 接点接通，启动 63GLX-1 重动继电器。63GLX-1 继电器励磁后，接于信号回路的触点接通，发“气压低闭锁跳合闸”信号，接于控制回路的触点断开，破坏相应控制回路的完整性。

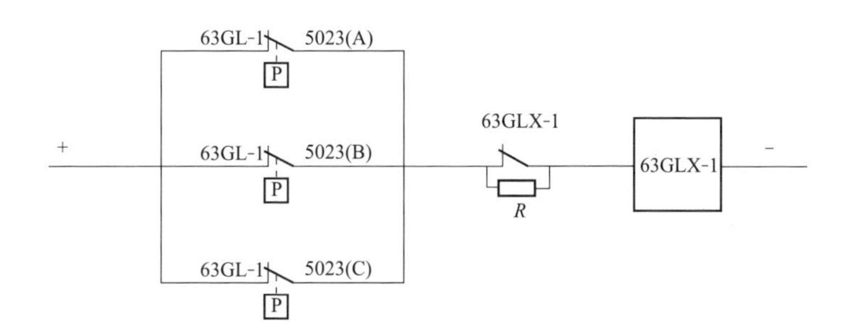

图 1-17　5023 断路器 SF_6 气体压力闭锁重动继电器回路图

基于上述的分析，后台同时出现“气压低闭锁跳合闸”“第一组控制回路断线”信号，结合现场检查情况来看，5023 断路器 SF_6 气体压力闭锁重动继电器回路导通的可能性比较大。

3. 故障处理

在 5023 断路器汇控箱检查发现 63GLX-1 重动继电器确实处于吸合状态，

用万用表测量其触点，发现常开触点处于闭合，常闭触点处于断开，说明5023断路器SF_6气体压力闭锁重动继电器回路已经导通。进一步测量5023断路器密度监视继电器接点引出线，发现63GL-1的B相接点导通，A、C相接点断开，从而判断为B相SF_6密度监视继电器63GL-1接点故障。专业班组更换B相SF_6密度表后，信号恢复正常。拆开原SF_6密度表，发现表内有渗水现象，经厂家鉴定为SF_6密度表受潮引起回路接点误导通。

4. 故障总结

SF_6断路器是利用SF_6气体作为绝缘介质和灭弧介质断路器，当发生气体泄漏时，不仅会引发电气故障，还可能引起人身中毒。本案例通过一起500kV断路器SF_6气压低闭锁告警缺陷的分析处理，提升了运行人员应对类似缺陷的处理水平和经验，便于在发生SF_6断路器气体泄漏故障时，能迅速、准确地进行故障处理，保证人身和设备的安全。

二、案例二——隔离开关手动操作闭锁继电器触点损坏导致500kV断路器控制回路断线分析处理

1. 故障简介

××年××月××日，SX巡维中心在500kV SX变电站执行“将500kV S线线路由检修转运行”操作任务时，在操作完成“合上500kV第一串联络5012断路器控制电源空气开关”和“合上500kV S线5013断路器控制电源空气开关”这两步后（SX变电站500kV设备采用3/2断路器接线方式），检查保护装置、后台报文及光字牌是否正常时，发现500kV第一串联络5012断路器（简称5012断路器）的“第一组控制回路断线”和“第二组控制回路断线”的信号没有复归，属于异常现象，需查找出原因才能继续送电操作。

2. 故障分析

在分析断路器控制回路断线的问题时，可采用“先检查后测量”的方法来查找故障点。

（1）断路器控制回路断线的原因可从以下几个方面进行排查：

1）控制回路电源空气开关在断开位置；

2）汇控箱内“远方/就地”切换把手在“就地”位置；

3）断路器 SF_6 气体压力低闭锁；

4）断路器油压低闭锁；

5）分合闸线圈损坏。

针对以上可能的原因，现场检查发现控制回路电源空气开关未跳开；汇控箱内的切换把手在“远方”位置，断路器油压及气压正常，继电器和线圈无烧坏或放电痕迹。因此，初步检查可判断出 5012 断路器控制回路断线并非由以上几个原因造成。

（2）初步检查无果后，就需利用万用表对断路器控制回路进行逐段测量来查找故障点。

500kV 断路器控制回路可分为 4 个主要组成部分（见图 1-18）。由于测控装置内部断线并不会引起“控制回路断线”的信号，因此可通过测量其余 3 个部分的连接端子的电压来判断故障点的大致范围，以便更快锁定故障点的具体位置。

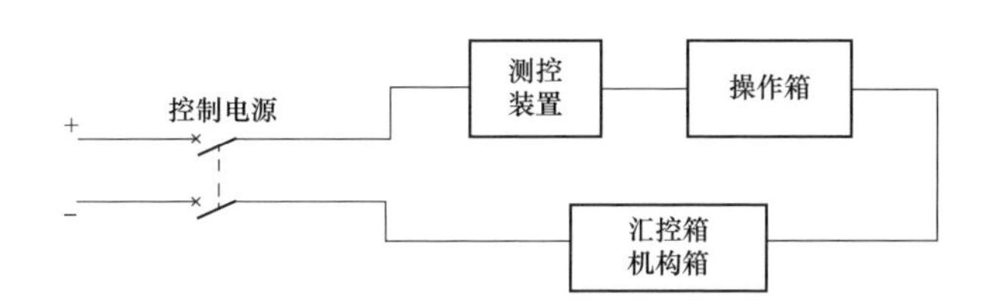

图 1-18　500kV 断路器控制回路组成

基于现场 5012 断路器在分闸位置，且后台监控机“第一组控制回路断线”和“第二组控制回路断线”两个信号均没有复归的现象，可基本判断为 5012 断路器的合闸控制回路断线。因此根据 5012 断路器合闸控制回路图中的端子编号（见图 1-19 所示测量点）进行分段测量电压来判断故障点的大致位置。

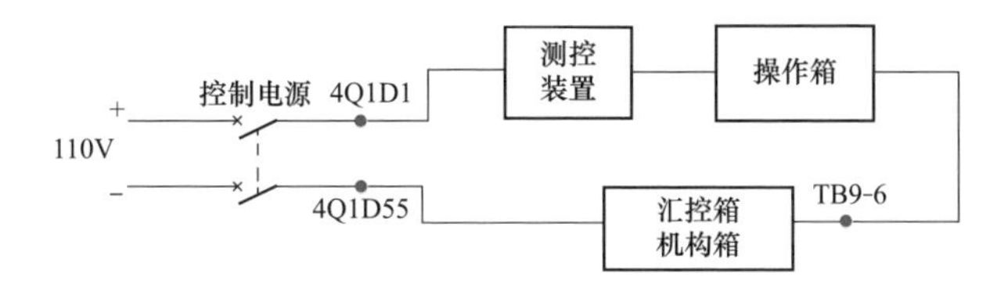

图 1-19　5012 断路器合闸控制回路测量点示意图

用万用表的直流电压档测量结果如下。

（1）测量保护屏 4Q1D1、4Q1D55 端子，显示对地电压分别为＋55V 和

－55V，表明5012断路器控制电源和空气开关无故障。

（2）测量汇控箱TB9-6端子，显示对地电压为＋55V。但正常情况下，断路器在分位时，该端子对地电压应为－55V，因此表明操作箱内部回路无故障，而汇控箱到负电源之间存在断开点。

（3）汇控箱到负电源之间的断路器合闸控制回路原理图如图1-20所示。

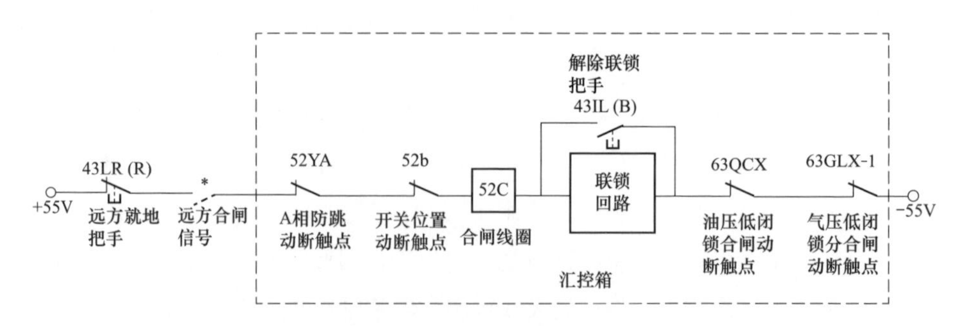

图1-20　5012断路器汇控箱内断路器合闸控制回路原理示意图（A相为例）

回路正常情况下，当5012断路器在分闸位置时，52YA、52b、52C、联锁回路、63QCX、63GLX-1应在连通状态。但根据图1-19原理图的接点进行逐一测量，发现断路器合闸联锁回路处于断开状态，其他接点均正常，即5012断路器控制回路的故障点应在联锁回路中。

（4）5012断路器合闸控制回路中的联锁回路如图1-21所示。

43LR (R)
远方就地把手
89CTX1 (50121)
50121操作中重动继电器动断触点
89CTX2 (50122)
50122操作中重动继电器动断触点
SBXD1 (50121)
50121手动操作重动继电器动断触点
SBXD2 (50122)
50122手动操作重动继电器动断触点

图1-21　5012断路器合闸联锁回路原理示意图

当5012断路器两边50121、50122隔离开关不处于电动或手动操作过程中时，89CTX1、89CTX2、SBXD1、SBXD2应在连通状态。但根据图1-20原理图的触点逐一测量，发现SBXD1在断开位置，其他触点均处于闭合状态，表明SBXD1触点异常。为更精准地判断故障原因，还需查找SBXD1继电器所在回路。

（5）通过查找 50121 隔离开关的控制原理图找到 SBXD1 继电器的回路，如图 1-22 所示。

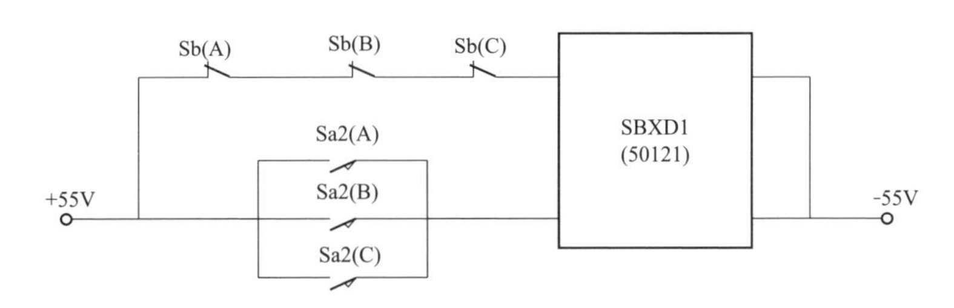

图 1-22　SBXD1 继电器回路原理示意图

在图 1-22 中，Sa2 为凸轮开关，在 50121 隔离开关手动操作阀门打开时闭合，Sb 也是凸轮开关，在阀门打开时断开。SBXD1 继电器为双位置继电器，当 50121 隔离开关任一相手动操作阀门打开时，Sa2 对应相接点闭合，Sb 对应相接点断开，SBXD1 继电器励磁带电，图 1-21 中的 SBXD1 触点断开，闭锁 5012 断路器合闸。但现场 50121 隔离开关手动操作阀门在关闭状态，且根据图纸所示触点测量 SBXD1 继电器两端电压时，发现 SBXD1 继电器并不处于励磁状态，即 SBXD1 继电器回路正常。因此，可以判断出 5012 断路器控制回路断线的故障点在图 1-20 所示的 SBXD1 触点处。

3. 故障处理

（1）在合上 5012 断路器控制电源后，发现保护装置、后台报文及光字牌的“第一组控制回路断线”和“第二组控制回路断线”信号并未复归时，经过初步检查并未找到原因后，立即汇报调度及相关负责人，说明现场情况，暂停操作。

（2）准备好万用表，查找相关图纸，进行分段测量查找故障点。

（3）经过分段测量，锁定故障点为 5012 断路器合闸联锁回路中 50121 隔离开关手动操作重动继电器动断触点损坏，导致控制回路断线。

（4）将检查结果告知继电保护班组，但由于现场缺乏备件，继电保护班组建议利用 SBXD1 继电器的其他备用动断触点。

（5）查找厂家图纸，找到 SBXD1 继电器各对触点的连接情况（见图 1-23）。

在图 1-23 中，a 表示动合触点，b 表示动断触点。而接到 5012 断路器合闸联锁回路中的触点是 61-62，此对触点经过检查，发现已损坏断开。

（6）根据图 1-19 所示的触点，测量了 SBXD1 继电器（见图 1-24）备用动断触点 81-82，发现触点正常连通。于是在断开控制电源空气开关后，将原本接在 61-62 触点处的连接线转移到 81-82 触点。检查保护装置和后台信号，发现“控制回路断线”的信号复归，并无其他异常信号。

SBXD1		
a	13	14
a	23	24
a	33	34
a	43	44
a	53	54
b	61	62
b	71	72
b	81	82
b	91	92
b	01	02
b	55	56

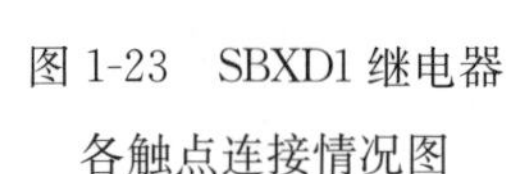

图 1-23 SBXD1 继电器各触点连接情况图

图 1-24 SBXD1 继电器

（7）将处理情况汇报调度及相关负责人，在与调度核对信号无误后继续送电操作，顺利完成“将 500kV S 线路由检修转运行”的操作任务。

4. 故障总结

SX 变电站在执行 500kV 线路送电的操作中，在合上 5012 断路器控制电源后，发现“控制回路断线”信号未复归。通过“先检查后测量”的方法，逐步缩小故障点的位置，最终发现是 5012 断路器合闸联锁回路中的 50121 隔离开关手动操作重动继电器 SBXD1 动断触点损坏，导致 5012 断路器合闸控制回路断线。

断路器控制回路中有多个动断动合触点，运行时间较长后，可能会出现动断触点接触不良、损坏，动合触点粘死等导致控制回路断线。在遇到这种情况时，可以通过查找图纸确定故障点的位置，然后更换故障继电器或利用继电器备用接点来解决回路断线问题。

第二章　220kV断路器二次回路的基本原理及故障实例分析

第一节　220kV断路器二次回路的基本原理

一、控制回路的基本组成

220kV断路器控制回路主要用于控制开关分合闸、保护跳闸及自动重合闸。主要由测控屏内断路器测控单元、断路器保护屏内操作箱、220kV高压场地汇控箱及机构箱等部分组成。如图2-1所示，控制回路电源分为两路，第一路用于合闸、重合闸及分闸、保护第一组出口跳闸，其电源空气开关为4K1；第二路用于分闸及保护第二路出口跳闸，电源空气开关为4K2。

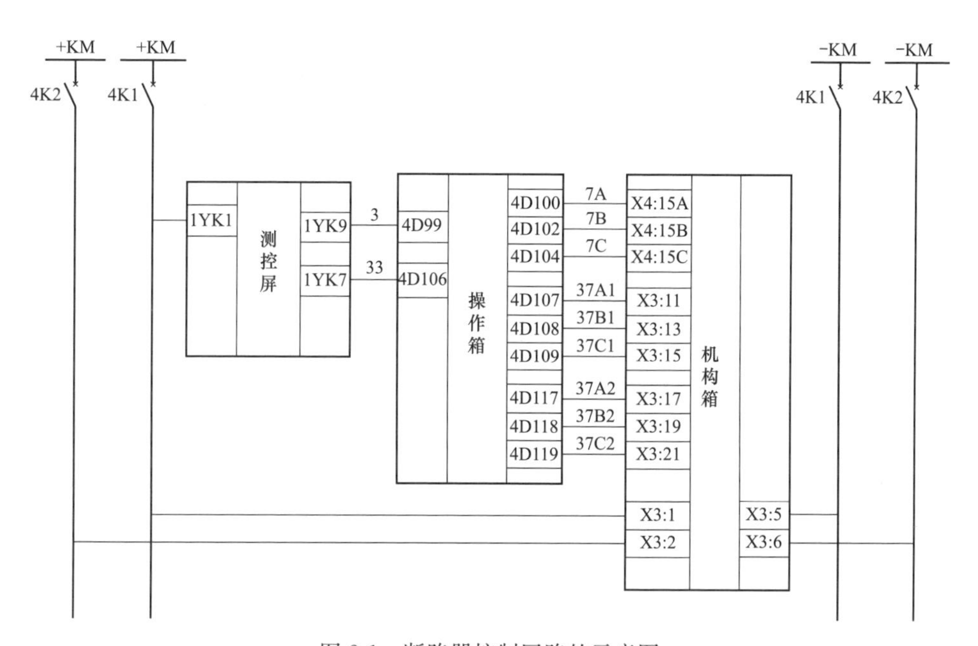

图2-1　断路器控制回路的示意图

电力系统中对断路器控制回路有以下几点基本要求：

（1）既能进行手动分合闸操作，又能配合保护和自动装置出口自动分合闸操作，分合闸操作完成后，分合闸线圈应能迅速可靠失电，以免分合闸线圈烧坏。

（2）能够反映断路器的位置状态，并具有监视分合闸回路完好性的能力。

（3）具有防止断路器多次“跳跃”的闭锁回路。

（4）断路器的操作动力消失或不足时，应能联锁断路器动作，并发出闭锁信号。

以上几点基本要求，通过断路器控制回路实现，本案例将在接下来的篇章对220kV常规断路器合闸回路、分闸回路、防跳回路、压力闭锁回路、储能回路进行分析。

二、测控屏

220kV常规断路器操作方式可分为监控后台操作、测控屏操作两种操作方式。

1. 远方合闸操作回路分析

如图2-2所示，由监控电源101接点，经过“远方/就地”切换开关1QK切换至“远方”位置，7-8触点接通，经过703-704至遥控合闸接点HJ，接通遥控出口连接片1LP5。

2. 强制手动合闸回路分析

如图2-2所示，由控制电源101接点，经过微机五防装置1S，“远方/就地”切换开关1QK切换至强制手动位置，9-10触点接通，再通过合闸按钮1HA接点接通。

3. 同期手合回路分析

如图2-2所示，由控制电源101接点，经过微机五防装置1S，“远方/就地”切换开关1QK切换至同期手合位置，3-4触点接通，经装置判断符合同期条件后HJ动合触点接通，经同期连接片1LP3再通过合闸。

三、操作箱

断路器操作箱内回路包括合闸回路、分闸回路。

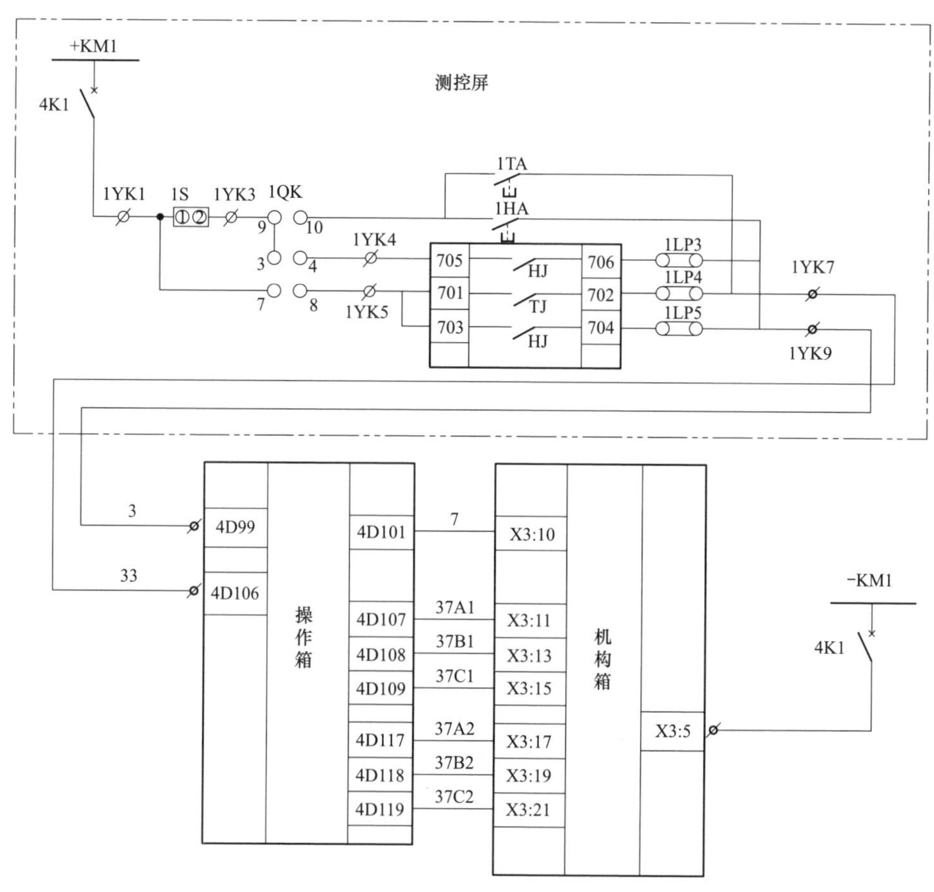

图 2-2　测控屏回路的示意图

1. 合闸回路分析

如图 2-3 所示，机构箱“远方/就地”转换开关选择“远方”时监控后台发出合闸脉冲命令后，合闸继电器 1SHJ 接通，从而常开触点 1SHJ 闭合，经由合闸保持触点 SHJA 形成自保持回路，经过防跳辅助触点 1TBUJa、2 TBUJa，由 4D100 出口至机构箱形成回路导通，断路器合闸。

2. 分闸回路分分析

以第一路分闸回路为例，如图 2-4 所示，将“远方/就地”转换开关选择“远方”时，监控后台发出分闸脉冲命令后，分闸继电器 STJA 接通，常开接点 STJA 闭合，经过防跳继电器 11TBIJa、12TBIJa，由 4D107 出口至机构箱形成回路导通，断路器分闸。

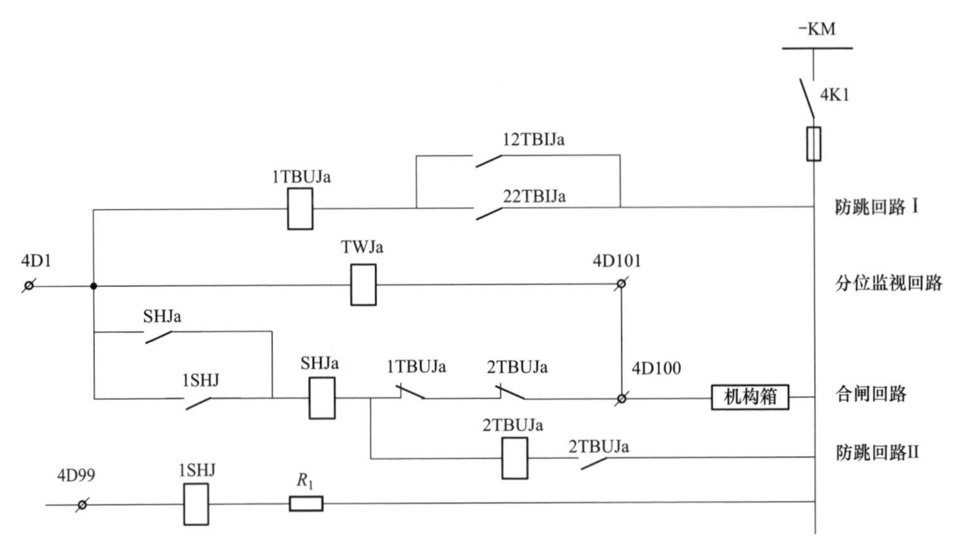

图 2-3　操作箱合闸回路的示意图（A 相）

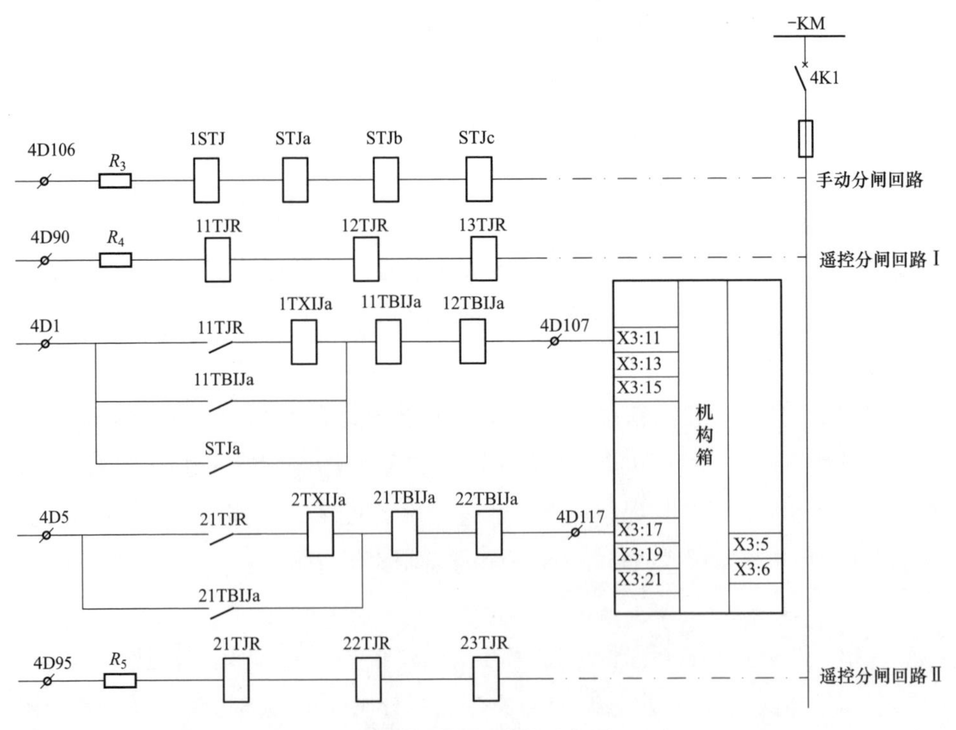

图 2-4　操作箱分闸回路的示意图（A 相）

四、机构箱

1. 合闸回路分析

如图2-5所示，机构箱“远方/就地”转换开关S2选择“远方”时接点1-2导通，低气压闭锁继电器K1，当断路器三相压力正常时，继电器线圈失磁时，其动断触点接通；储能限位开关S1，当断路器储能完成后，其触点接通；K11、K12、K13防跳继电器，当继电器线圈失磁时，其动断触点接通；断路器辅助开关S0，当断路器分闸时，其动断触点接通；通过断路器合闸线圈Y1，连通合闸回路负电源-KM，Y1线圈带电时，断路器合闸。

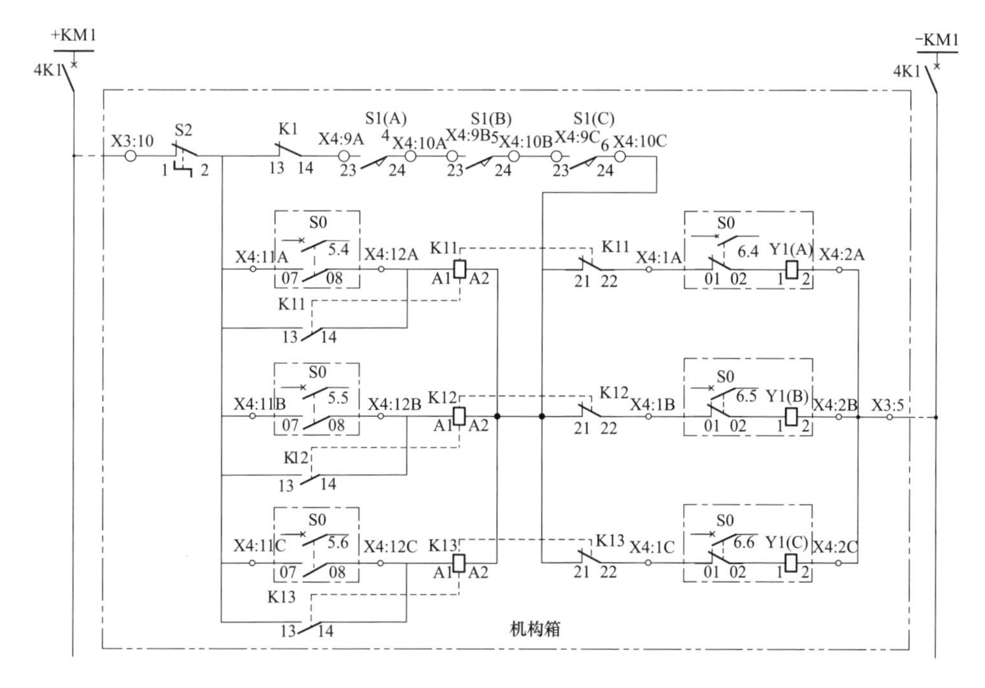

图2-5　合闸、防跳回路的示意图

2. 防跳回路分析

断路器跳跃是指由于某种原因，控制开关或自动装置的合闸接点未能及时返回（例如人员操作分合闸把手在合闸位置过长、分合闸把手合闸接点粘连、重合闸接点粘连），线路发生永久性故障时，造成断路器不断重复“跳—合—跳—合”的过程，若断路器发生跳跃，会导致设备承受故障电流多次冲击，将损坏设备甚至造成爆炸。

如图 2-5 所示，机构箱“远方/就地”转换开关 S2 选择“远方”时接点 1-2 导通，若是合闸开关的接点粘连，则机构箱防跳回路导通并自保持，当断路器合闸时，断路器辅助开关 S0 的动合触点 7-8 接通，线路永久故障跳闸时，防跳继电器 K11、K12、K13 得电励磁，导致合闸回路中防跳继电器 K11、K12、K13 动断触点 21、22 断开而不导通，从而实现防跳功能。

3. 压力闭锁回路分析

如图 2-6 所示，低气压密度继电器 F2，当气压低于额定值时，触点 21-23 导通，导致低气压闭锁继电器 K1 励磁；当线圈带电时，K1 继电器动作，将串联在合分闸回路的动断触点断开，闭锁合分闸。K1 继电器动作，分合闸回路动断触点 K1 断开，断开分合闸回路。

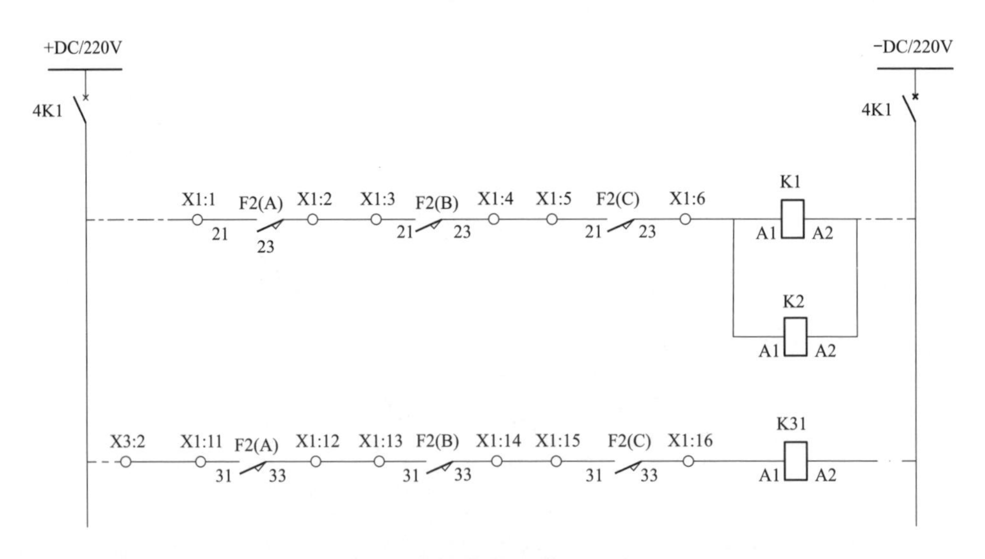

图 2-6　压力闭锁回路的示意图

4. 分闸回路分析

如图 2-7 所示，机构箱“远方/就地”转换开关 S2 选择“远方”时触点 1-2 导通，操作箱由 4D107、4D108、4D109 出口至机构箱 X3：11、X3：13、X3：15 接点，低气压闭锁继电器 K1，当断路器三相压力正常时，继电器线圈失磁时，其动断触点接通；储能限位开关 S1，当断路器储能完成后，其触点接通；

断路器辅助开关 S0，当断路器合闸时，其动断触点接通；断路器分闸线圈 Y1，当线圈带电时，断路器分闸；连通分闸回路负电源-KM。

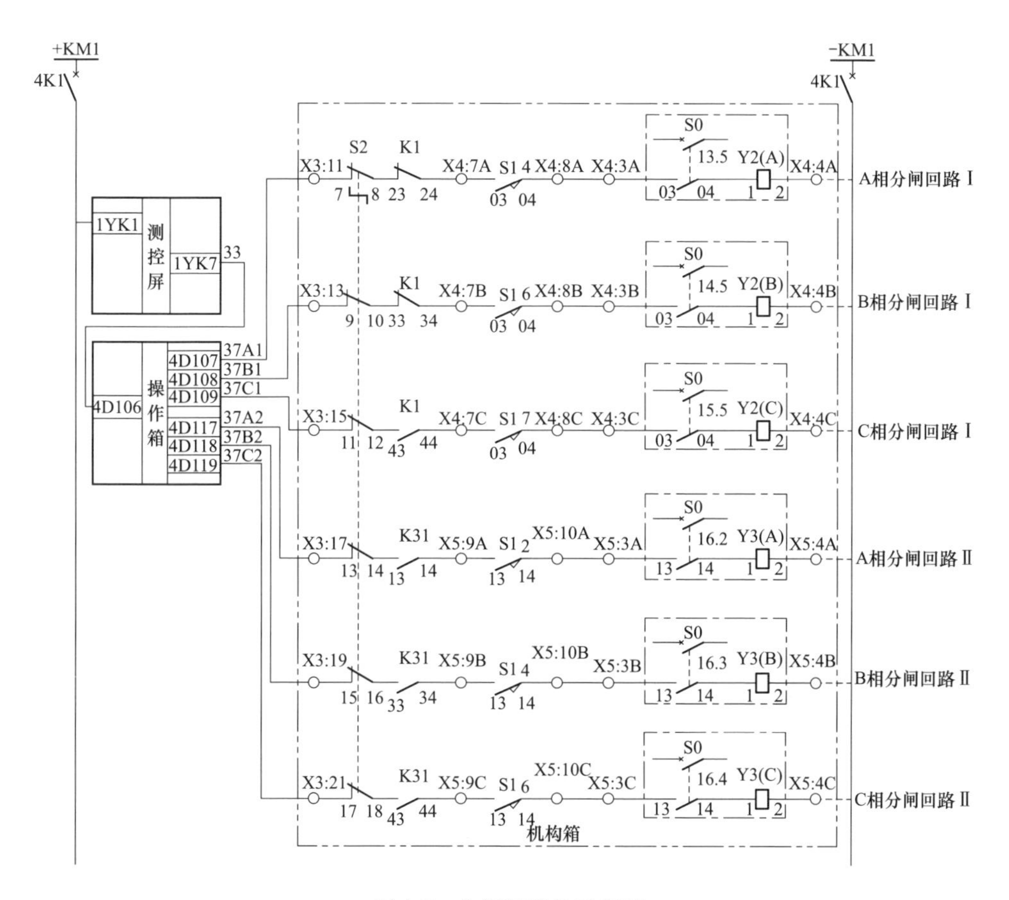

图 2-7　分闸回路的示意图

5. 储能回路分析

如图 2-8 所示，储能电动机正电源至储能电动机开关 F6、F7、F8，带过流保护功能。正常情况下，F6、F7、F8 在合上位置。储能限位开关 S1，当断路器未储能时，S1 的触点接通。电动机“电动—手动”储能选择开关 KB1、KB2、KB3，切换至“电动”位置时，15-16 触点接通，当线圈带电时，K91、K92、K93 动合触点（13-14、23-24、33-34、43-44）接通，连接储能电动机负电源。

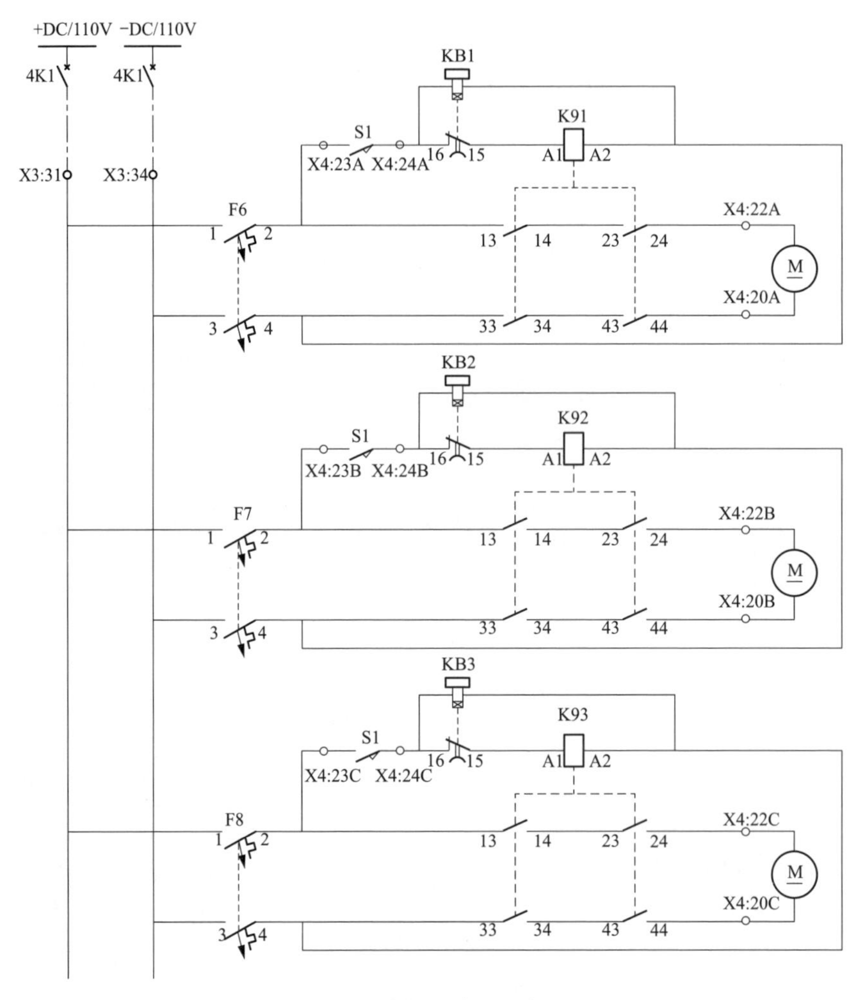

图 2-8　储能回路的示意图

第二节　220kV 断路器故障实例分析

一、案例一——一起 220kV 线路断路器液压储能机构闭锁异常分析

1. 故障简介

××年××月××日，调度监控通知运行人员，无人值班的 220kV BC 变电站发出“BC 站 220kV PB 甲线断路器异常信号，BC 站 220kV PB 甲线断路器控制回路断线、闭锁分合闸信号”。到站检查，监控后台机报文为“220kV

BC 站 220kV PB 甲线 4171 测控 4171 断路器输油机构故障”“220kV PB 甲线间隔 4171 断路器本体闭锁重合闸光字牌闪亮”。220kV PB 甲线间隔光字牌如图 2-9 所示，220kV PB 甲线 4171 断路器储能机构故障报文如图 2-10 所示。

220kV PB甲线间隔光字牌信号1	
事故总信号	4171开关第一组控制回路
RCS 931BM保护装置闭锁	4171开关第二组控制回路
RCS 931BM保护装置异常	4171开关第一组直流电源断线
RCS 931BM保护跳闸	4171开关第二组直流电源断线
RCS 931BM保护重合闸动作	4171开关压力降低禁止重合闸
RCS 902CB保护重合闸动作	4171开关本体闭锁重合闸

图 2-9 220kV PB 甲线间隔光字牌

开关刀闸信号	告警	告警报文	系统级
站点	信号点名称		事件
BC站	220kVPB甲线4171测控_4171开头输油机构故障		正常变位
BC站	220kVPB甲线4171测控_4171开关输油机构故障		SOE
BC站	110kVBY甲线126保护起动		保护动作
BC站	110kVBY甲线126保护起动		正常变位

图 2-10 220kV PB 甲线 4171 断路器储能机构后台报文

2. 故障分析

出现该故障信号时，应考虑检查压力表计以及回路发信接点是否导通，其主要分为如下几类。

（1）断路器储能机构液压表计如图 2-11 所示。液压表计接点启动对应启动闭锁接点（见图 2-12），断路器机构箱内液压表计指针下降至设定阈值时，相应的告警信号接点动作。当压力表计指针由于压力降低至不大于 32MPa 时，启动打压，打压超时启动报警；当压力值小于 30.8MPa 时，自动重合闸回路、合闸油压闭锁接点导通；当压力值不大于 25.3MPa 时，油压总闭锁接点导通，发信和闭锁控制回路等。

图 2-11　储能机构液压表计

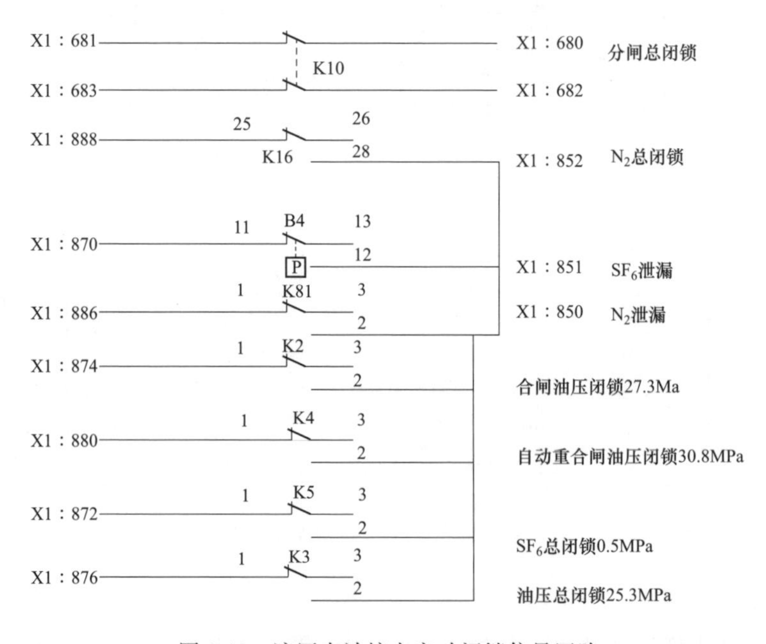

图 2-12　液压表计接点启动闭锁信号回路

（2）重合闸闭锁启动回路如图 2-13 所示。当本体重合闸闭锁信号动作时，则为压力下降到闭锁定值时，压力表计密度继电器触点 B1 动断触点闭合，由保护屏正电出来，经过控制电源空气开关（运行时投入）、继电器触点 B1、压力低闭锁合闸继电器 K2，再到保护屏负电，此时，K2 继电器受电后励磁。

（3）重合闸闭锁发信回路如图 2-14 所示。发信回路，由测控屏的 801 公共端正电出来，经 K2（线圈受励磁后）动合触点 K2 1-2 导通，将硬触点信号开入进测控装置，由测控装置判别信号后，上送告警光字牌和报文到后台机。

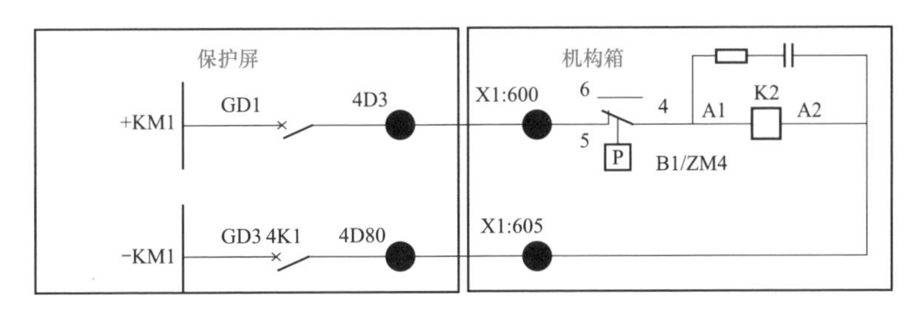

图 2-13　重合闸闭锁启动回路

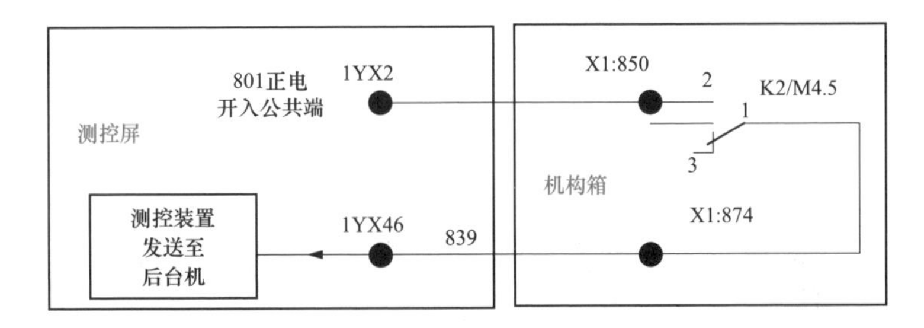

图 2-14　重合闸闭锁发信回路

3. 故障处理

（1）如图 2-11 所示，判断故障信号是否为误发信，经现场检查 220kV PB 甲线 4171 断路器机构箱内液压储能机构压力当时正常显示为 33MPa，轻敲表计，检查表计指针并不卡阻，证明机构不存在压力降低闭锁。

（2）如图 2-14、图 2-15（圈住部分）所示，经测量 220kV PB 甲线 4171 断路器测控屏屏后端子，本体闭锁重合闸进测控装置的开入端子 1YX46（839），测量有正动合入电压 DC220V，证明有信号开入至测控装置。

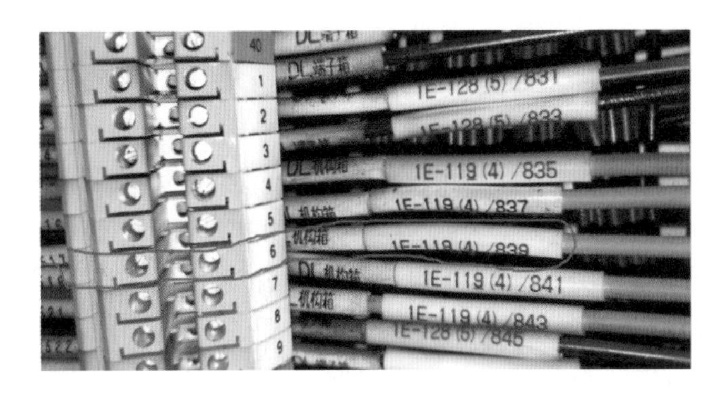

图 2-15　重合闸闭锁开入接线

（3）如图 2-13 所示，经测量闭锁回路中压力表计密度继电器 B1/ZM4(5-4) 动断触点闭合一对接点端子均为一端正电 110V，一端为负电 110V，证明触点不导通，分合闸闭锁继电器 K2 线圈未励磁。

（4）检查图 2-13 的闭锁回路，K2 继电器线圈未励磁，继电器无吸合。如图 2-14 所示，在 4171 断路器机构箱测量发现 K2 1-2 一对动合触点有正常电压开入 DC220V，因此，导通了闭锁信号，问题所在为 K2 合闸闭锁动合触点粘连。

（5）如图 2-16 所示，由于 K2 继电器为电路板件结构，为考虑风险，结合停电计划，对 220kV PB 甲线 4171 断路器间隔进行停电后，对机构箱内板件的 K2 闭锁继电器进行更换处理，并经继电保护专业传动试验正常。信号正常恢复，故障消除。

图 2-16　断路器机构箱内闭锁集成板件闭锁继电器

4. 故障总结

220kV 出线断路器储能回路故障，可能导致断路器液压储能压力不足闭锁分合闸，线路故障时会越级跳开该断路器所连接的整段母线上其他所有断路器，导致停电范围扩大，为避免类似情况继续出现，作出如下归纳总结。

（1）加强对一次设备的巡视维护力度，监控后台光字牌、告警报文的浏览和追踪，尽早发现潜在问题。案例中的该类开关机构投运至今已超 10 年，机构内经过多次加热去湿已逐步老化，机构受开关多次传动，且该类二次回路做成集成板件，受振动容易出现触点脱焊、接触不良等情况，且继电器随着运行年久也逐渐出现老化等。应结合计划停电工作，对相同开关柜内继电器进行传动试验以及继电器的多次吸合试验是否触点存在问题，必要时对全部相关板件和继电器更换处理。

（2）运行人员在后台机监视以及操作停送电前后，均应检查后台机相对应出线间隔的光字牌、报文信息，关键问题分析处理。

（3）适当开展全站断路器控制回路培训，着重点在于故障查找思路及处理方式，增强运行人员对站内控制回路原理和接线的理解。

二、案例二——一起操作继电器箱异常导致 220kV 线路断路器控制回路断线

1. 故障简介

××年××月××日，调度监控通知运行人员，某无人值班的 220kV WJ 变电站发出“WJ 站 220kV DWY 线断路器异常信号，WJ 站 220kV DWY 线断路器控制回路断线信号”。台机报文显示“WJ 站 220kV DWY 线第一组控制回路断线”及对应的光字牌亮（见图 2-17、图 2-18），保护屏、测控屏，操作电源为合上位置，远方就地开关为远方位置（见图 2-19），保护屏显示“控制回路断线-未复归”信号，操作继电器箱面板显示正常、OP 灯亮（见图 2-20）。

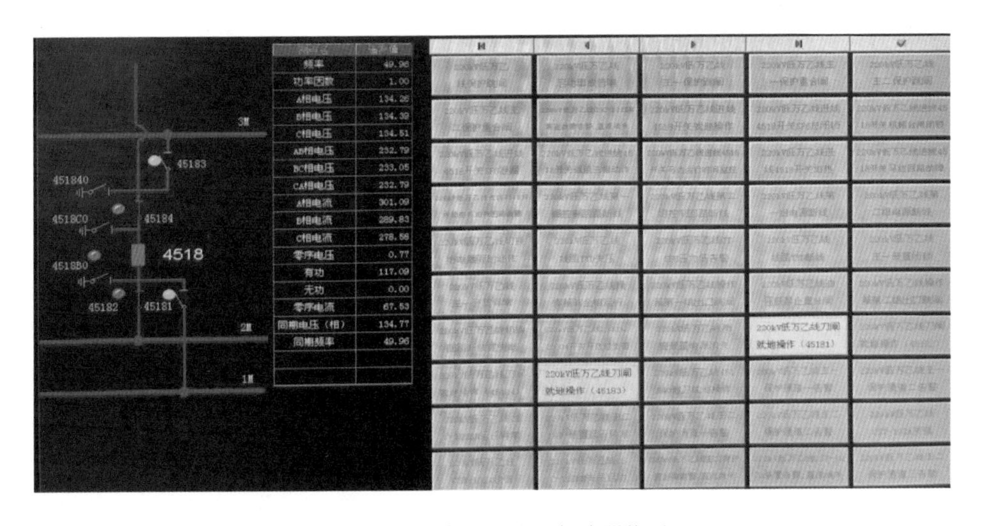

图 2-17　故障光字牌、断路器指示

17	2019-12-23 15:41:50::916	遥信变位	220kV……	线第一组控制回路断线
18	2019-12-23 15:41:50::916	遥信变位	220kV	线进线4518开关B相位置
19	2019-12-23 15:41:50::916	遥信变位	220kV …	线进线4518开关C相位置
20	2019-12-23 15:41:50::916	遥信变位	220kV.	线进线4518开关位置

图 2-18　故障报文

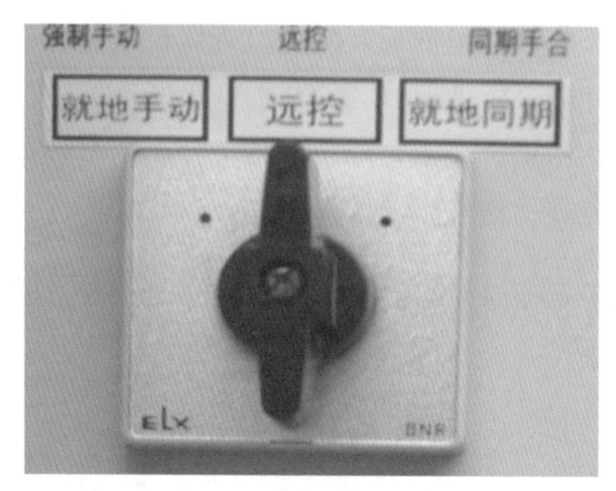

图 2-19　测控屏远方就地开关、操作电源空气开关

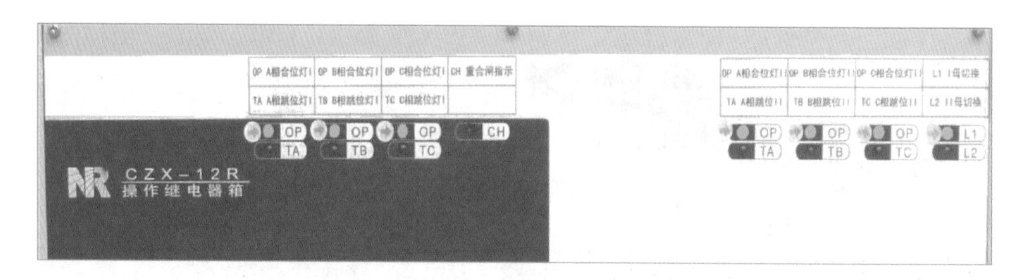

图 2-20　操作继电器箱

2. 故障分析

(1) 核对故障设备现场运行方式及目前所处的状态，断路器合闸状态与分闸状态报“控制回路断线”的信号，检查重点有所区别。按照断路器分合闸控制回路原理图（见图 2-21）进行分回路检查，在合闸状态下，重点检查分闸回路、合位监视回路，分闸状态，重点检查合闸回路、分位监视回路。

(2) 根据断路器控制回路的组成部分，将其划分为控制电源、测控装置、操作继电器箱、机构四个区域（见图 2-22）。

(3) 通过对上述四个区域目测检查及万用表的测量，判断故障所在区域，再用同样的方法在该区域内对元件进行逐个测量，则可最终找到具体的故障点。

(4) 如监控后台同时出现“第一组控制回路断线”“第一组电源断线”光字，则优先考虑第一路控制电源及空气开关故障。

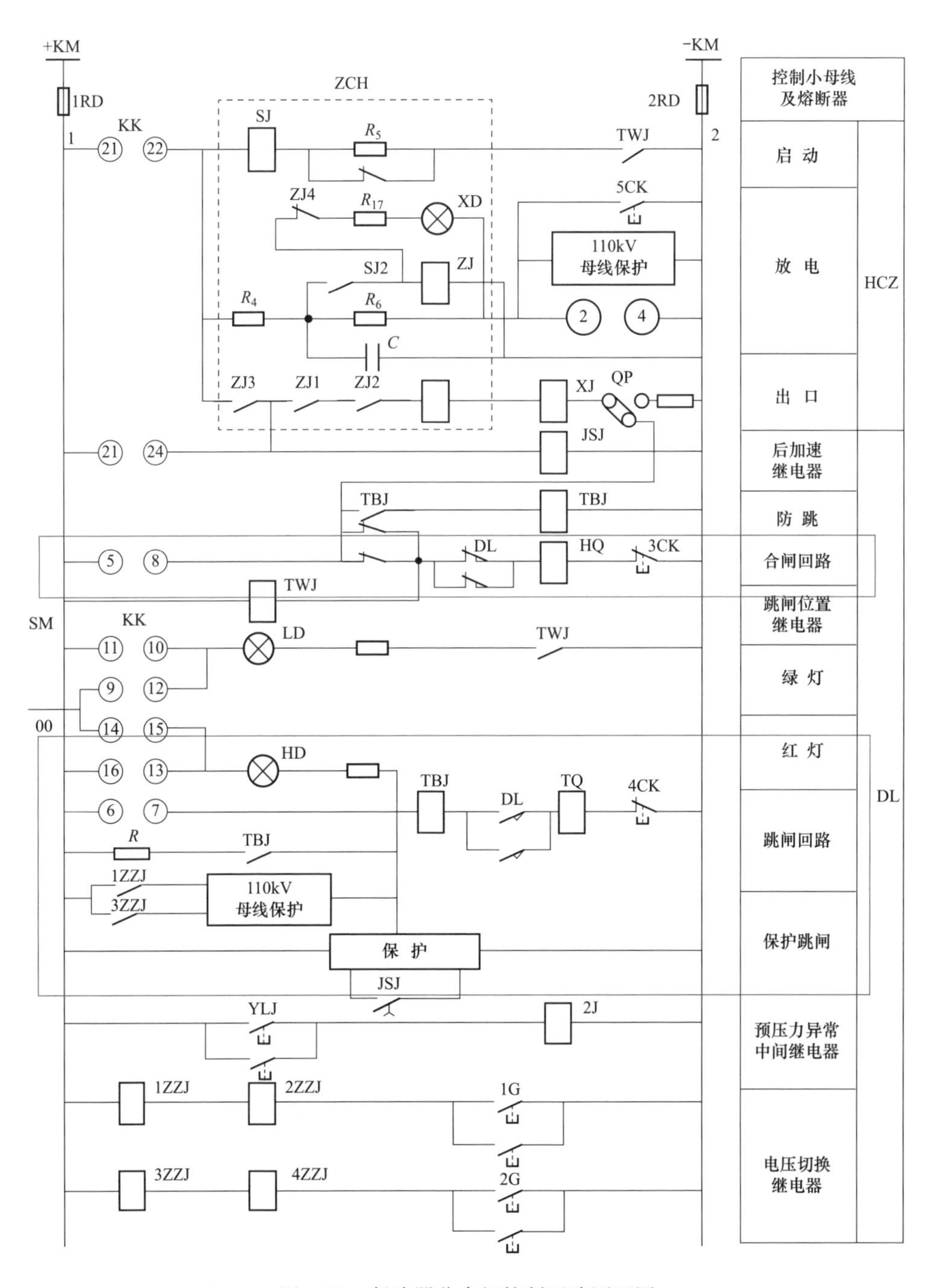

图2-21　断路器分合闸控制回路原理图

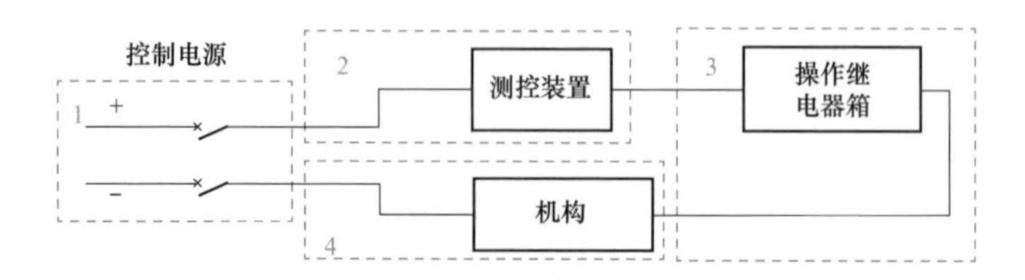

图 2-22　断路器控制回路组成

（5）如只出现“第一组控制回路断线”光字，则优先考虑断路器操作继电器箱至负电源之间的回路断线（见图 2-23、图 2-24）。

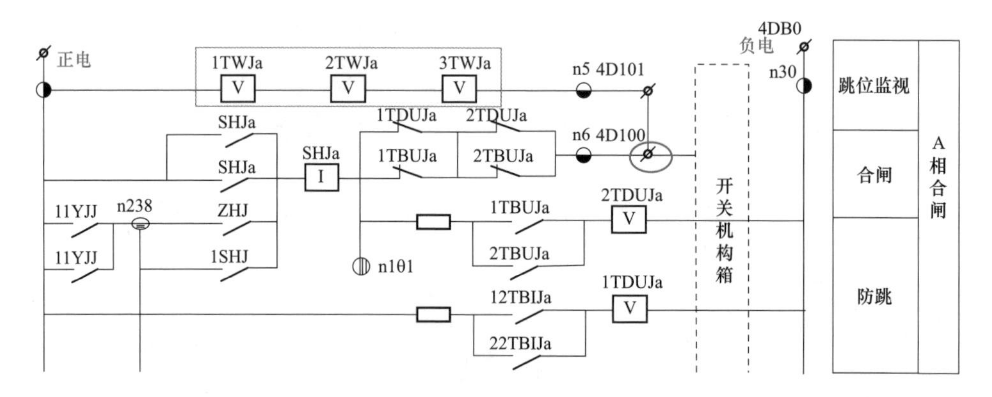

图 2-23　操作继电器箱至断路器机构箱（A 相合闸回路）

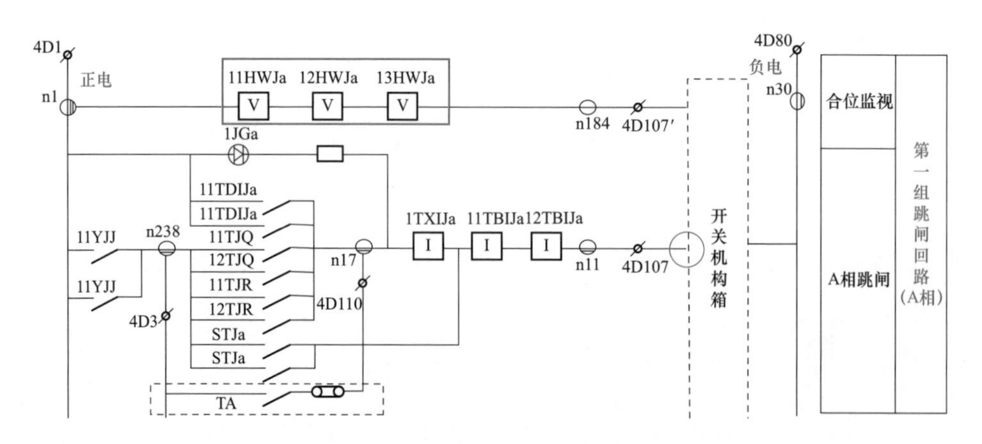

图 2-24　操作继电器箱至断路器机构箱（A 相跳闸回路）

（6）控制回路断线信号，一般由跳位继电器（TWJ）动断触点与合位继电器（HWJ）动断触点串联构成，当 TWJ 和 HWJ 动断触点闭合时，信号回路正电源才会经过 TWJ 和 HWJ 动断触点开入相应的测控单元，发出“控制回路断线”信号（见图 2-25）。当跳位继电器、合位继电器同时失电失磁，是动断触点闭合，就会发该信号。

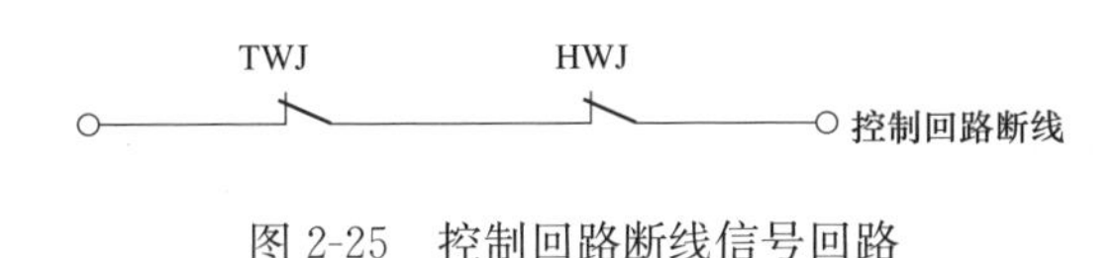

图 2-25　控制回路断线信号回路

（7）发出断路器控制回路断线信号的原因，可按照图 2-22 所示的四个区域进行排查如下：

1）控制回路电源或空气开关故障。

2）TWJ 或 HWJ 继电器及触点故障。

3）自动化系统或信号回路故障。

4）回路接线松动或端子故障。

5）断路器机构分合闸线圈及辅助触点故障。

6）断路器控制回路中可能存在的各种闭锁触点（气压、油压等、远方就地开关等）故障。

（8）如控制回路检查无发现任何故障，则可能是断路器操动机构故障等机械原因导致无法分合。

3. 故障处理

（1）先检查。判断故障信号是否正确发出，在监控后台检查 220kV DWY 线 4518 断路器光字牌异常，有“220kV 某站 220kV DWY 线第一组控制回路断线”及对应的光字牌亮、无其他异常信号机报文（见图 2-9 和图 2-10）；如图 2-11、图 2-12 所示保护屏元件在正常的位置。再检查断路器机构箱远方/就地选择开关 S2 应在远方位置（见图 2-26），储能机构应正常（见图 2-27），储能压力在正常范围内（白标在正确位置）。

（2）再测量。使用万用表电压档，测量控制回路各点的对地电压找出故障点（见图 2-28、图 2-29）。测量位置及过程见表 2-1。

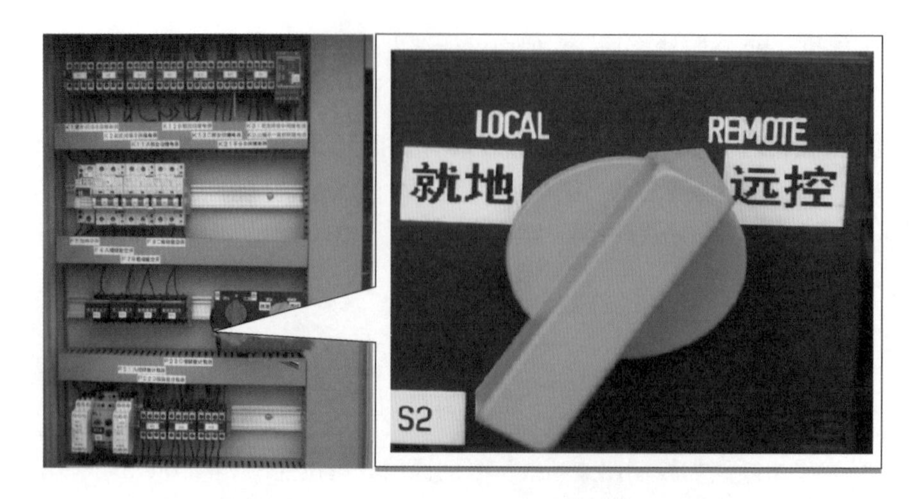

图 2-26　断路器机构箱远方/就地选择把手

图 2-27　断路器储能机构

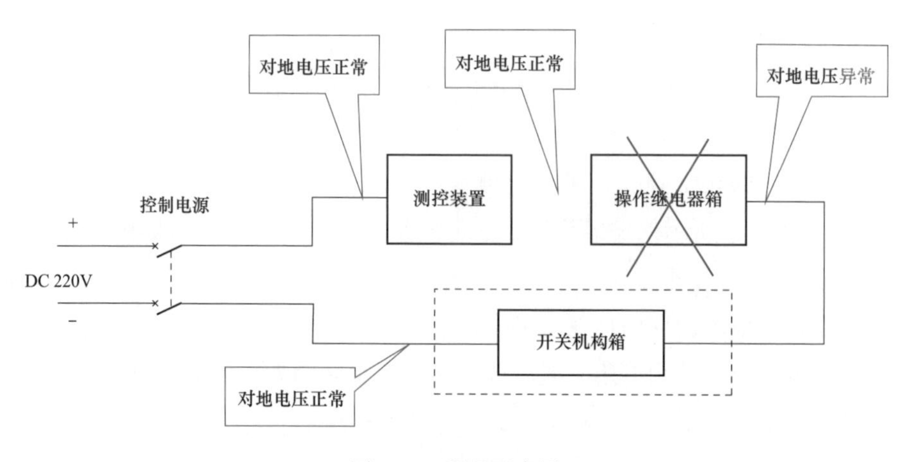

图 2-28　测量示意图

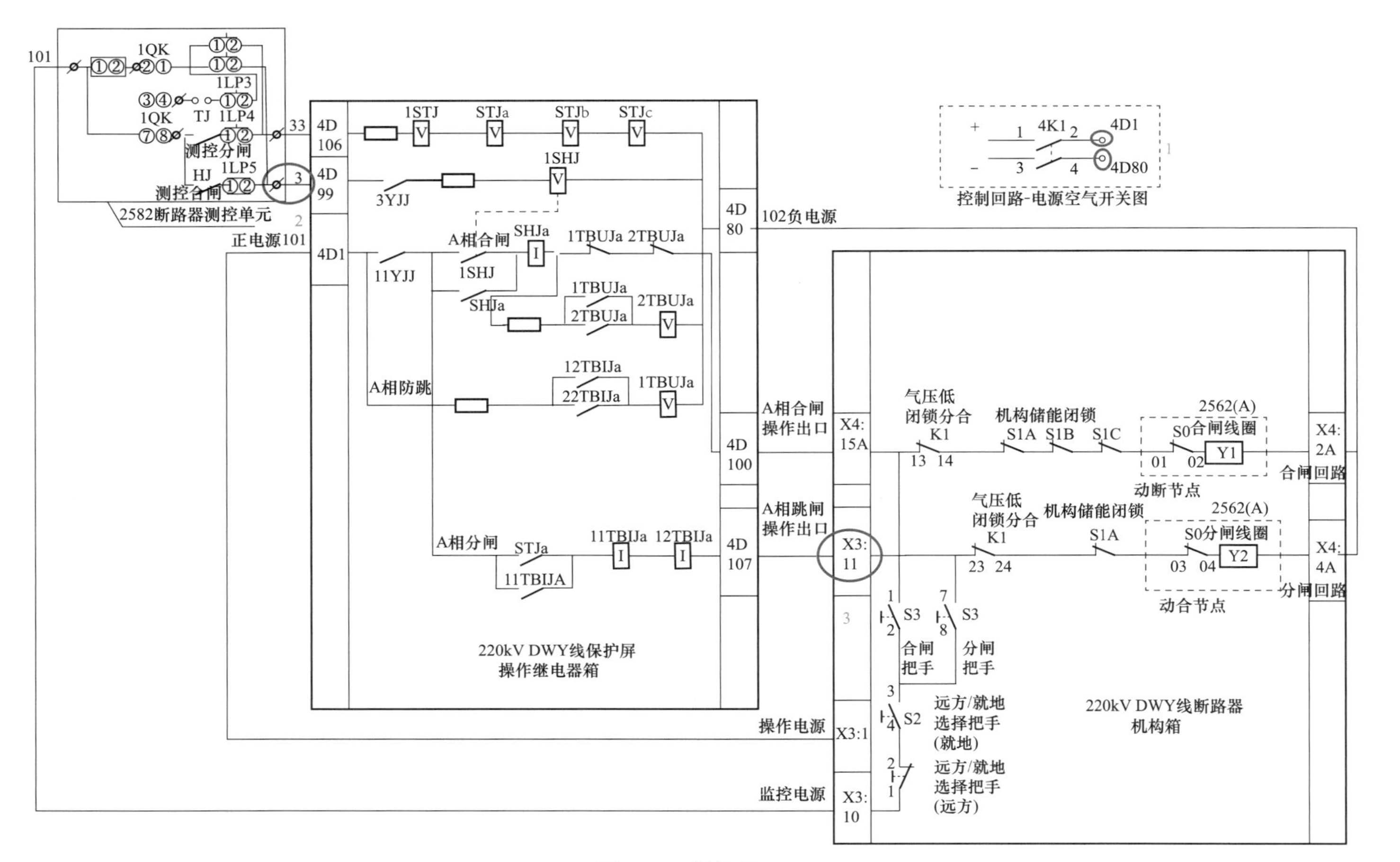
2582断路器测控单元
测控分闸
测控合闸
正电源101
102负电源
控制回路-电源空气开关图
A相合闸
A相防跳
A相分闸
220kV DWY线保护屏
操作继电器箱
A相合闸
操作出口
A相跳闸
操作出口
操作电源
监控电源
气压低
闭锁分合
机构储能闭锁
2562(A)
S0合闸线圈
S0分闸线圈
动断节点
动合节点
合闸回路
分闸回路
合闸
把手
分闸
把手
远方/就地
选择把手
(就地)
远方/就地
选择把手
(远方)
220kV DWY线断路器
机构箱

图2-29　测量点

表 2-1　　　　　　　　控制回路各点的对地电压测量表

顺序	测量位置	测量数据	说明
1	断路器保护屏 4D1、4D80 端子	分别为＋110V 和－110V	电源和空气开关无故障
2	测控装置 4D99 端子	110V	测控装置无故障，需一次设备检修状态下，发电脉冲
3	端子箱 X3：11A 端子（A 相为例）	运行状态下测量远小于－110V（正常接近－110V）	操作继电器箱及到断路器机构前的回路，有故障

（3）最后判断处置。经过排查发现操作继电器箱及到断路器机构前的回路有故障，对故障断路器设备的上一级电源断路器停电，将此故障断路器隔离，对操作继电器箱拆解，发现合位继电器 A 相接点粘死，导致第一路控制回路断线，导致断路器不能分合闸，通过对该操作继电器箱二次操作插件更换后，控制回路断线消失，调试传动分合闸正常。

4. 故障总结

220kV 线路断路器操作继电器箱故障，可能导致断路器控制回路断线，不能正常分合闸，线路故障时，需要断开整段母线上所连的其他所有断路器，导致停电范围扩大，为避免本次情况继续出现，归纳总结如下。

（1）加强对二次设备的巡视和检查，及时发现潜在问题。该类操作继电器箱已投运多年，设备老化，运行工况要求较高，需要及时通风散热，减缓板块老化的速度。应结合计划停电工作，对相同类似的设调试定检，发现问题，及早更换处理。

（2）运行人员在操作停送电前后，均应检查后台机，保护屏，现场机构一、二次信息，防止设备异常运行而不被发现，加强多点分析处理能力。

（3）梳理断路器控制回路异常现象，总结故障查找思路及处理方式，提升运行人员对处理断路器控制回路异常的能力。

第三章　110kV 断路器二次回路的基本原理及故障实例分析

第一节　110kV 断路器二次回路的基本原理

一、控制回路的基本组成

110kV 断路器控制回路主要由测控屏的测控单元、断路器操作箱以及高压场地汇控箱及机构箱等部分构成，如图 3-1 所示。110kV 断路器控制回路的基本要求与 220kV 断路器和 500kV 断路器的基本要求相同，本节将分别对构成 110kV 断路器控制回路的测控屏、操作箱和机构箱进行详细讲解。

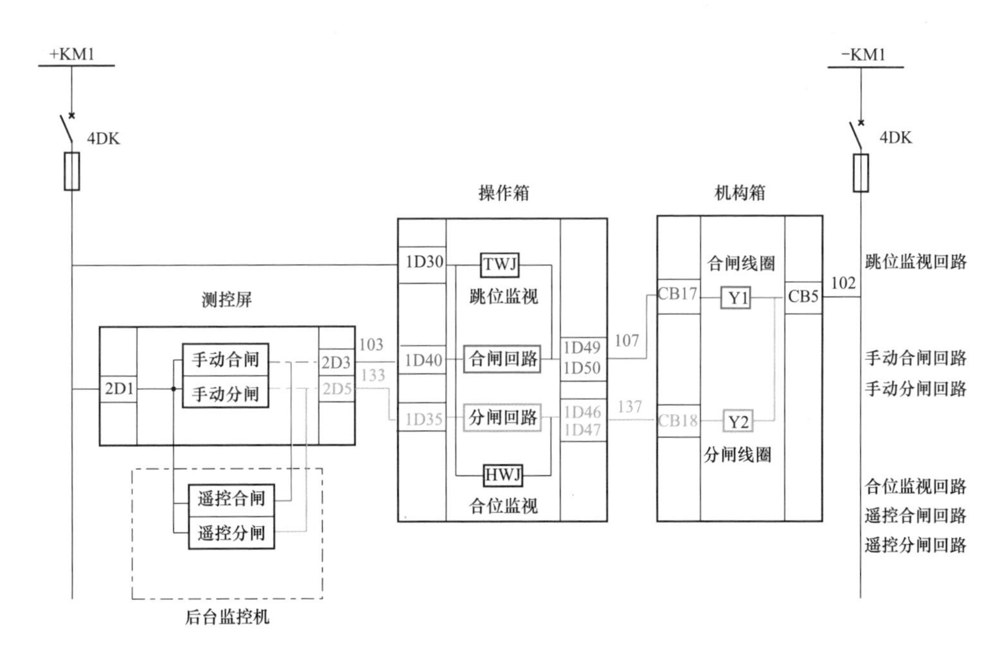

图 3-1　110kV 断路器控制回路示意图

二、测控屏

110kV 断路器通常在测控屏或后台监控机进行分合闸操作，按照操作方式不同，可分为后台遥控操作、测控屏手动操作和汇控箱就地操作，为防止断路器操作过程中，因设备内部结构故障导致的断路器爆炸危害操作人员安全，目前通常取消汇控箱就地操作方式，只在后台监控机和测控屏进行断路器分合闸操作。

1. 后台遥控操作

如图 3-2 所示，当测控屏“远方/就地”切换把手 1KK 切换至“远方”时，“远方/就地”切换把手 1KK 的触点 7-8 接通，可在后台监控机进行遥控操作，后台监控机发出的分合闸命令由五防逻辑判定后，经 D/A 转换后输出到操作箱和汇控箱，实现断路器遥控分合闸操作。

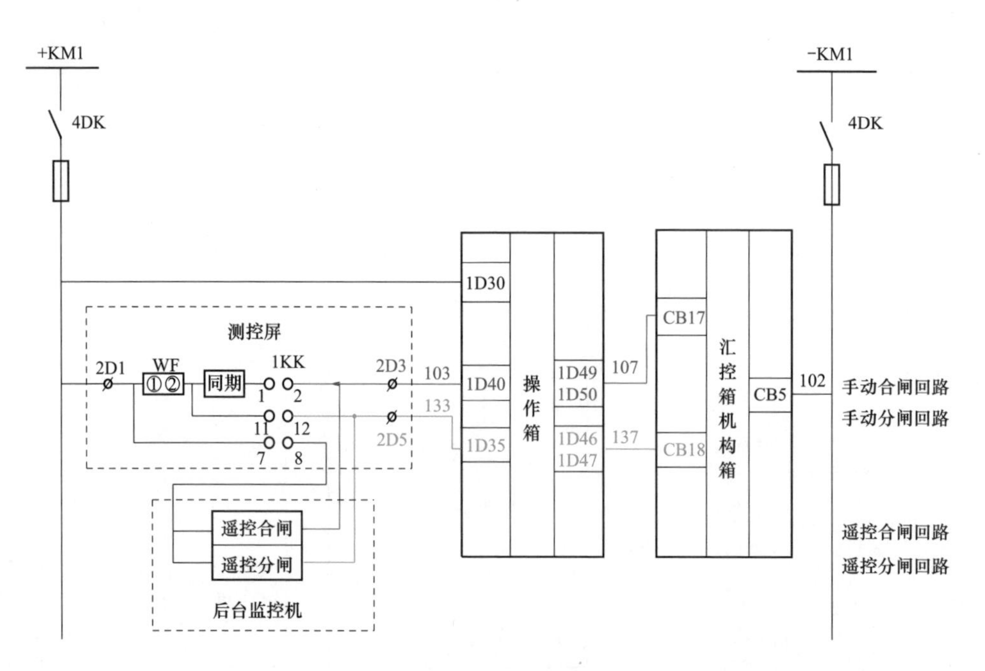

图 3-2　110kV 断路器控制回路（测控屏部分）示意图

2. 测控屏手动操作

如图 3-3 所示，当测控屏“远方/就地”切换把手 1KK 切换至“手合”时，触点 1-2 接通，合闸回路经端子 2D1、五防装置 WF、检同期单元（部分

110kV 断路器无检同期)、1KK 切换开关的接点 1-2，以及操作箱和汇控箱中的合闸元件导通，合闸线圈 Y1 动作，断路器合闸；当测控屏“远方/就地”切换开关 1KK 切换至“手分”时，触点 11-12 接通，分闸回路经端子 2D1、五防装置 WF、1KK 切换开关的触点 11-12，以及操作箱和机构箱中的分闸元件导通，分闸线圈 Y2 动作，断路器分闸。

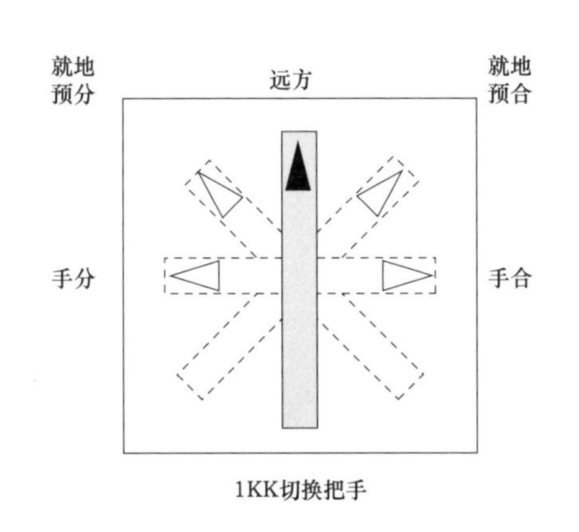

1KK切换把手接点位置表

运行方式 \ 触点	手分 90°	就地预分 45°	远控 0°	就地预合 45°	手合 90°
1-2					×
3-4				×	×
5-6			×		
7-8			×		
9-10	×	×			
11-12	×				

注“×”表示切换开关在当前时，此对触点导通

图 3-3　1KK 切换把手布置图和触点表

三、操作箱

110kV 断路器控制回路的操作箱部分除操作箱合闸回路和操作箱分闸回路外，还包含分位监视回路、操作箱防跳回路以及合位监视回路。

1. 操作箱合闸回路

当断路器处于分闸位置时，操作箱部分的合闸控制回路示意图如图 3-4 所示，当后台监控机发出合闸脉冲信号或测控屏“远方/就地”切换把手 1KK 切换至“手合”位置时，整个合闸回路经操作箱端子 1D40、防跳继电器 TBVJ 的动断触点 11-12、合闸保持继电器 HBJ、端子 1D49 和机构箱汇控箱的合闸元器件导通，合闸线圈 Y1 动作，断路器合闸。合闸回路导通时，合闸保持继电器 HBJ 动作，其动合触点 11-12 闭合，形成自保持，保障整个回路一直导通，直至合闸到位后，断路器辅助开关 S0 的动断触点 5-6 断开，合闸回路断开，合闸保持继电器 HBJ 失电，其动合触点 11-12 复归。

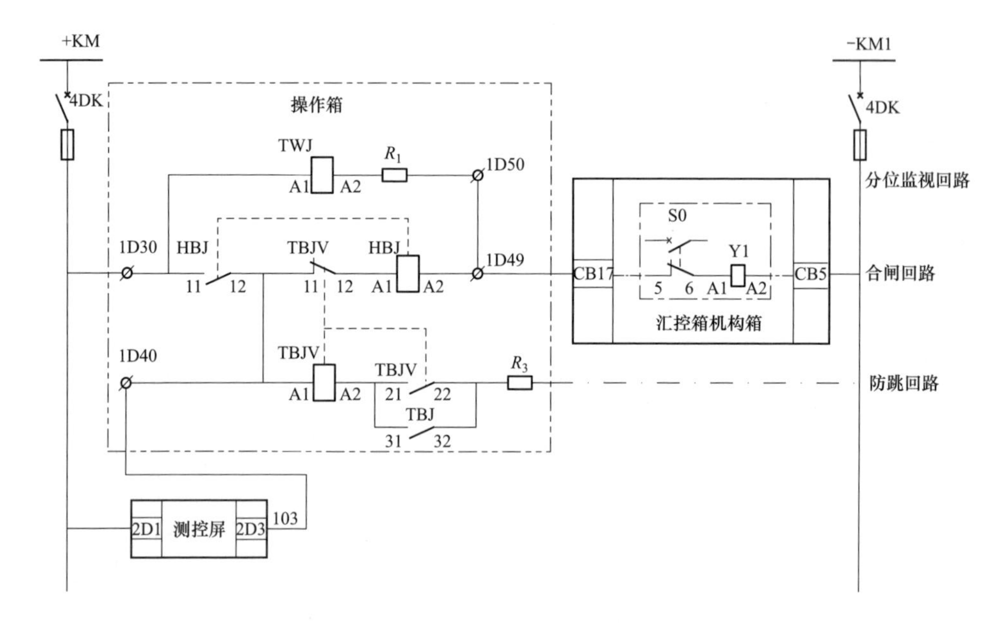

图 3-4　110kV 断路器合闸控制回路（操作箱部分）示意图

2. 操作箱分闸回路

当断路器处于分闸位置时，操作箱部分的分闸控制回路示意图如图 3-5 所示，断路器在合闸位置时，其辅助开关 S0 的触点 7-8 接通，当后台监控机发出分闸脉冲信号或测控屏“远方/就地”切换把手 1KK 切换至“手分”位置时，整个分闸回路经操作箱端子 1D35、分闸保持继电器 TBJ、端子 1D46 和机构箱

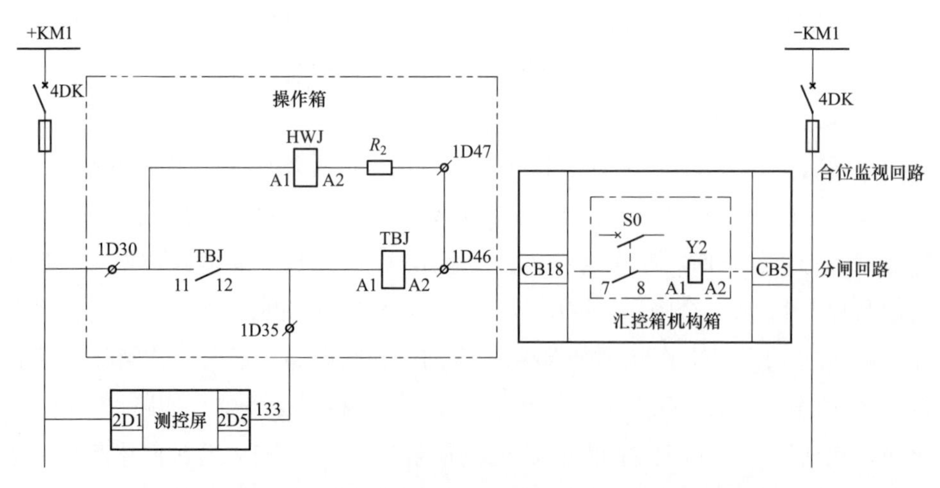

图 3-5　110kV 断路器分闸控制回路（操作箱部分）示意图

汇控箱的分闸元器件导通，分闸线圈 Y2 动作，断路器分闸。分闸回路导通时，分闸保持继电器 TBJ 动作，其动合触点 11-12 闭合，形成自保持，保障整个回路一直导通，直至分闸到位后，断路器辅助开关 S0 的触点 7-8（断路器合位时此对接点闭合）断开，分闸回路断开，分闸保持继电器 TBJ 失电，其动合触点 11-12 复归。

3. 操作箱分位监视回路

如图 3-4 所示，分位监视回路主要由分位监视继电器 TWJ，电阻 R_1，以及机构箱中的合闸回路构成，主要用于监视机构箱中的合闸回路是否故障。当断路器处于分闸状态、合闸回路电源正常时，可通过测量操作箱端子 1D50 的电位，来判断发生合闸控制回路断线时故障点的大致位置。当端子 1D50 为负电位时，说明机构箱中的合闸回路正常，故障点发生在测控屏或操作箱；当端子 1D50 为正电位时，说明汇控箱机构箱中的合闸回路开路，合闸控制回路断线的故障点发生在汇控箱机构箱。

4. 操作箱防跳回路

如图 3-4 所示，操作箱防跳回路主要由防跳继电器 TBJV 及其动合触点 21-22、动断触点 11-12，电阻 R_1，以及分闸保持继电器 TBJ 的动合触点 31-32 构成，当断路器分闸回路导通时，分闸保持继电器 TBJ 动作，其触点 31-32 闭合，防跳继电器 TBVJ 动作，动合触点 21-22 闭合形成自保持，其动断触点 11-12 断开，从而断开合闸回路，以防止断路器发生反复分合闸的跳跃现象。操作箱防跳回路与机构箱防跳回路的作用相同，本节以机构箱防跳回路为例进行讲解。

5. 操作箱合位监视回路

如图 3-5 所示，合位监视回路主要由合位监视继电器 HWJ，电阻 R_1，以及机构箱中的分闸回路构成，主要用于监视机构箱中的分闸回路是否故障。当断路器处于合闸状态、分闸回路电源正常时，可通过测量操作箱端子 1D47 的电位，来判断发生分闸控制回路断线时故障点的大致位置。当端子 1D47 为负电位时，说明机构箱中的分闸回路正常，故障点发生在测控屏或操作箱；当端子 1D47 为正电位时，说明机构箱中的分闸回路开路，分闸控制回路断线的故障点发生在汇控箱机构箱。

四、机构箱

110kV断路器控制回路的机构箱部分包含机构箱合闸回路、机构箱分闸回路、机构箱防跳回路、低气压闭锁回路、储能回路、储能闭锁回路等，是110kV断路器控制回路的重要组成部分。

1. 机构箱合闸回路

当断路器处于分闸位置时，机构箱部分的合闸控制回路示意图如图3-6所示，遥控合闸信号或手动合闸信号经端子CB17进入汇控箱，当汇控箱“就地/远方”切换开关S1在“远方”位置时，合闸回路经储能超时闭锁继电器K2的动断触点11-12、储能闭锁继电器K3的动断触点31-32、储能过程闭锁继电器K1的动断触点21-22、低气压闭锁继电器K9的动断触点21-22、机构箱防跳继电器Y3的动断触点31-32、以及辅助开关S0的触点5-6和合闸线圈Y1形成通路，合闸线圈Y1动作，断路器合闸。断路器合闸到位后，辅助开关S0的触点5-6断开，合闸回路断开，合闸线圈Y1失电，断路器合闸过程结束。

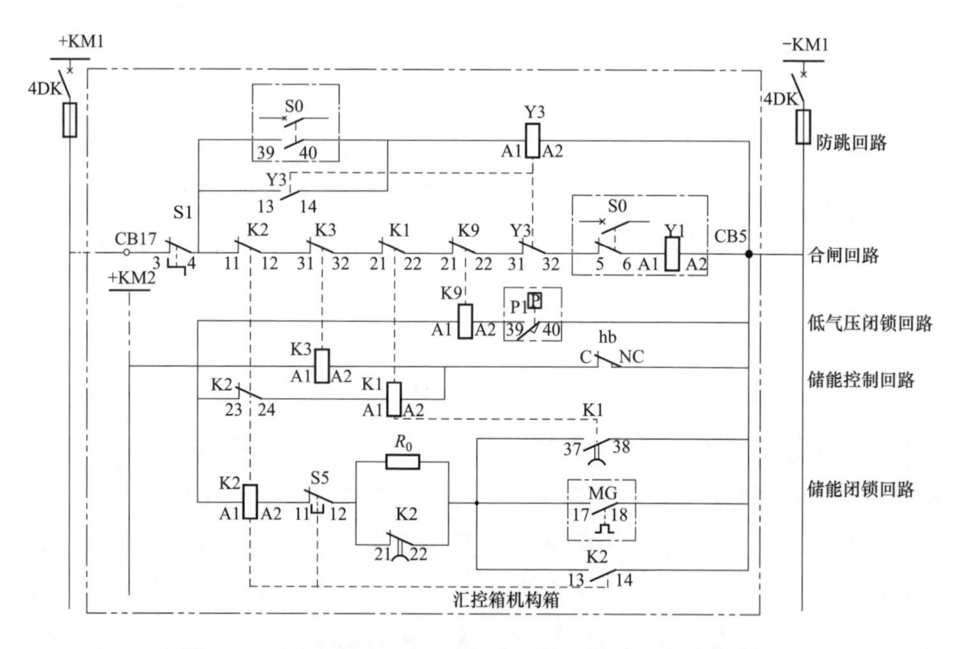

图3-6　110kV断路器合闸控制回路（机构箱部分）示意图

2. 机构箱防跳回路

如图 3-6 所示，与保护屏防跳回路的作用相同，机构箱防跳回路主要用于防止断路器发生反复分合闸的跳跃现象。断路器合闸过程结束后，由分位变为合位，辅助开关的触点 39-40 闭合，当 1KK 手动合闸接点发生粘连卡住或者后台机持续发出合闸脉冲信号故障时，防跳回路经辅助开关 S0 和防跳继电器 Y3 接通，Y3 动作后，其动合触点 11-12 闭合，防跳回路形成自保持，动断触点 31-32 断开，断开合闸回路，此时即使发生故障分闸或人为分闸，辅助开关 S0 的接点 5-6 闭合，合闸回路不会导通，以防止断路器发生反复分合闸的“跳跃”现象。

3. 低气压闭锁回路

低气压闭锁回路主要由低气压密度继电器 K9 和行程开关 P1 构成，如图 3-6 和图 3-7 所示，当气压低于闭锁限定值时，P1 的触点 39-40 闭合，低气压闭锁回路导通，继电器 K9 励磁动作，串联在合闸回路中的动断触点 21-22 和分闸回路中的动断触点 31-32 断开，分别将合闸回路和分闸回路断开，以防止低气压状态下因灭弧能力不足导致断路器爆炸。

4. 储能闭锁回路

当储能机构出现储能机构未储满能、储能电动机运转时、储能过程超时、电机回路短路等情况时，储能闭锁回路应可靠动作，闭锁合闸控制回路，防止未储满能时断路器合闸不到位或损坏储能电机，储能闭锁回路如图 3-6 所示。

（1）当储能机构未储满能时，由继电器 K3 和储能行程开关 hb 闭锁合闸回路，储能机构未储满能时行程开关 hb 闭合，K3 励磁动作，串联于合闸回路中的触点 31-32 断开，闭锁合闸回路，直至断路器储能机构储能满时，储能行程开关 hb 断开，K3 失电，触点 31-32 复归，合闸回路结束闭锁。

（2）当储能电机运转时，储能控制继电器 K1 处于励磁状态，其串接于合闸回路中的触点 21-22 断开，闭锁合闸控制回路，当 K1 失电时，储能电机停转，K1 的触点 21-22 闭合，合闸回路结束闭锁。

（3）当储能过程超过限定时间时，储能控制继电器 K1 的延迟闭合触点 37-38 闭合，储能电机保护继电器 K2 励磁动作，其串接于合闸回路的动断触点 11-12 断开，闭锁合闸控制回路，同时 K2 的动断触点 23-24 断开，动合触点 13-14 闭合形成自保持，保障储能超时时 K2 不再励磁动作，储能超时故障排除后，可通过按下按钮 S5 复归继电器 K1、K2 的相关触点。

（4）当电机回路短路时，热偶继电器 MG 动作，其触点 17-18 闭合，储能闭锁回路接通，储能电机保护继电器 K2 励磁动作，其串接于合闸回路的动断触点 11-12 断开，闭锁合闸控制回路。

5. 机构箱分闸回路

当断路器处于分闸位置时，机构箱部分的分闸控制回路示意图如图 3-7 所示。断路器分闸前处于合闸位置，辅助开关 S0 的触点 7-8 由断开变为闭合，遥控分闸信号或手动分闸信号经端子 CB18 进入汇控箱，当汇控箱“就地/远方”切换开关 S1 在“远方”位置时，分闸回路经低气压闭锁继电器 K9 的动断触点 31-32、辅助开关 S0 的触点 7-8 和分闸线圈 Y2 形成通路，分闸线圈 Y2 动作，断路器分闸。断路器分闸到位后，辅助开关 S0 的触点 7-8 断开，分闸回路断开，分闸线圈 Y2 失电，断路器分闸过程结束。

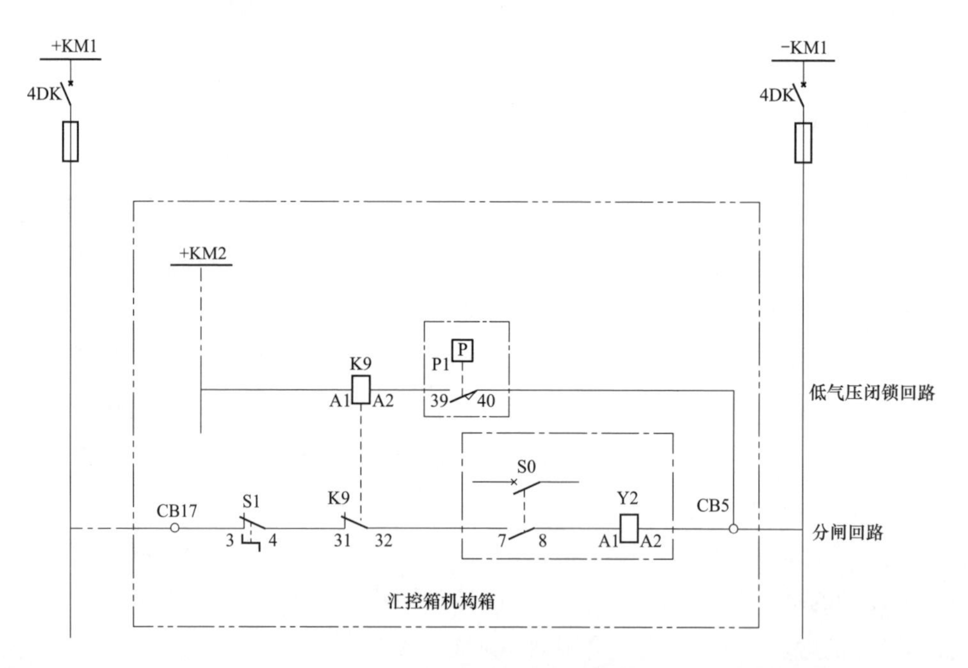

图 3-7　110kV 断路器分闸控制回路（机构箱部分）示意图

6. 储能回路

储能回路包括储能控制回路和电机回路，主要由储能电机保护继电器 K2 的动断触点 23-24、储能控制继电器 K1、储能行程开关 hb 和电机回路构成，

如图 3-8 所示。当储能机构未储满能时，储能行程开关 hb 闭合，储能控制回路接通，继电器 K1 励磁动作，串接于电机回路中的触点 1-2 和 3-4 接通，电机回路接通，储能电机运转储能，当储能机构储能满时，行程开关 hb 断开，电机控制回路断开，继电器 K1 失电，其触点 1-2 和 3-4 复归，储能电机停转，断路器储能完成。

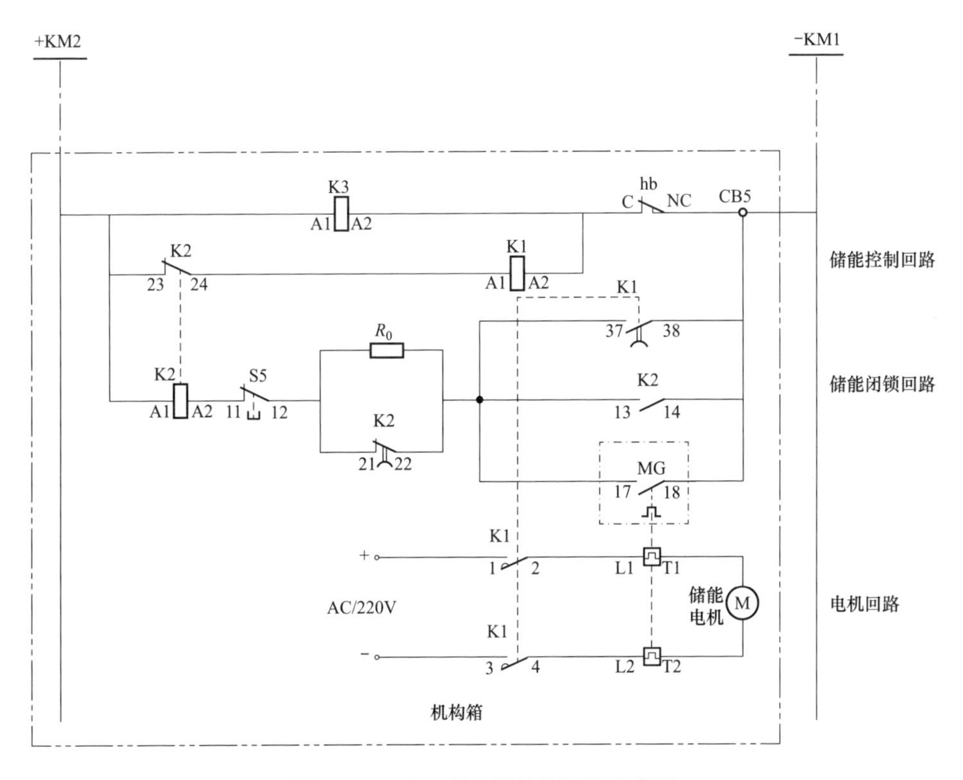

图 3-8 110kV 断路器储能回路示意图

第二节 110kV 断路器故障实例分析

一、案例一——一起线圈烧毁导致断路器无法分闸的原因分析与处理

1. 故障简介

××年××月××日，220kV JB 变电站因工作需要执行“将 10kV 3 号甲

母线、10kV 3 号乙母线由 3 号主变压器转 2 号主变压器供电，再将 3 号主变压器、3 号主变压器 220kV 侧 2203 断路器、3 号主变压器 110kV 侧 103 断路器、3 号主变压器 10kV 侧 503 甲断路器、3 号主变压器 10kV 侧 503 乙断路器由运行转检修”操作任务，当执行至“断开 3 号主变压器 110kV 侧 103 断路器”步骤时发现断路器无法分闸，操作中断。监控后台分闸指令已发出，但后台机断路器位置无变化，现场检查发现断路器依然在合闸位置。后台“3 号主变压器第二套保护装置异常”与“3 号主变压器 110kV 侧 103 断路器控制回路断线”光字牌亮。

2. 故障分析

（1）103 断路器无法分闸原因分析。断路器无法分闸常见故障分一次断路器设备故障和二次回路故障。一次断路器设备故障通常较为明显，肉眼可见，可通过现场检查一次设备本体外观无明显异常，各机构连接部分均牢固可靠，基本可排除一次部分存在故障的情况。断路器二次回路故障较为隐蔽，肉眼不可察，可能发生的故障点多，本文提及的 103 故障断路器遥控分闸控制回路图如图 3-9 所示。

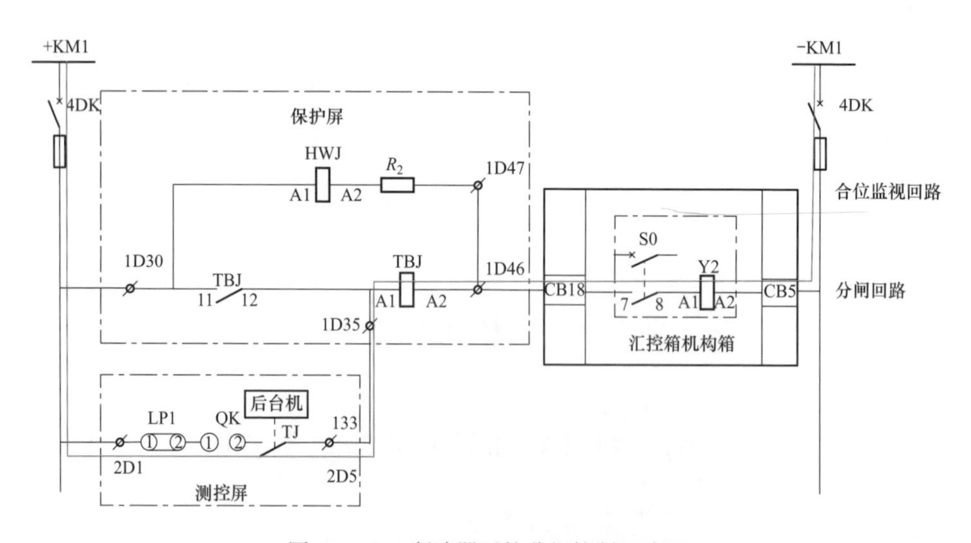

图 3-9　103 断路器遥控分闸控制回路图

图 3-9 中 4DK 是控制电源空气开关，LP1 是遥控出口连接片，QK 为测控屏远控/就地开关，TJ 是由后台机发出的分闸命令，TBJ 是跳闸保持继电器，HWJ 是合位继电器，S0 是断路器位置辅助接点，Y2 是跳闸线圈，另外汇控箱

将松动的二次电缆线拧紧后，现场断路器机构箱“控制回路断线”光字牌灭，到后台监控机检查，“控制回路断线”信号已经复归，故障已排除。

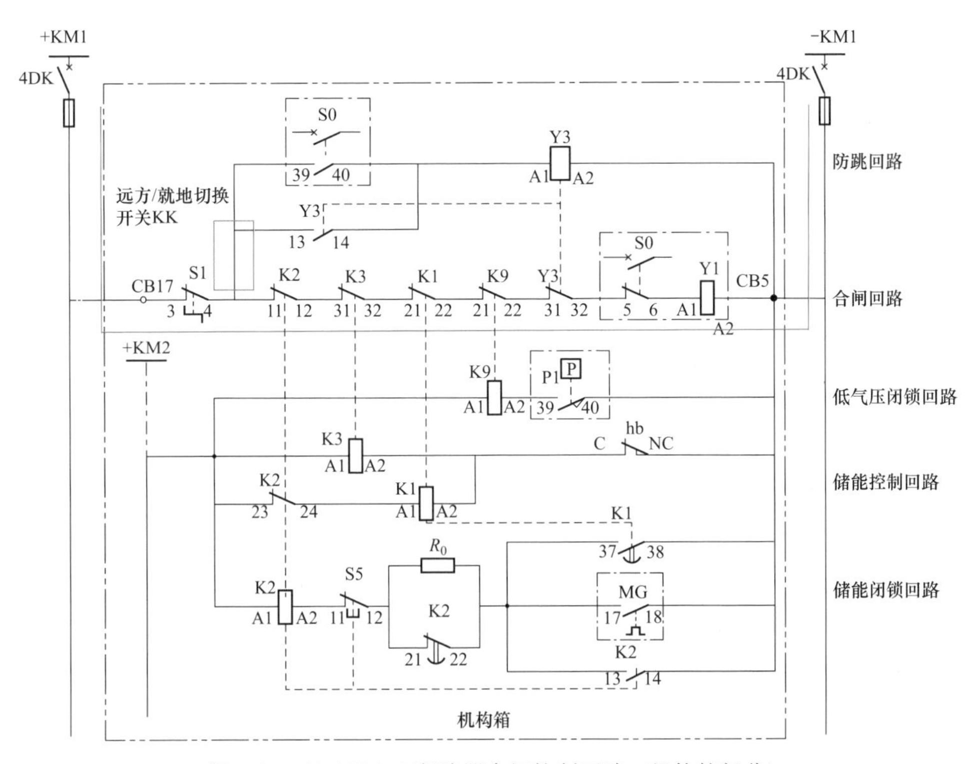

图 3-14　110kV 102 断路器合闸控制回路（机构箱部分）

4. 故障总结

110kV 断路器机构箱上“远方/就地”切换开关上接线松动会导致断路器的合闸回路断开，从而影响正常的送电操作，此类故障在日常操作中也最为常见，也是需要快速排除的故障，为了使此类故障再出现时能快速排除，做出如下总结。

（1）加强值班员对 110kV 断路器的控制回路的熟悉程度，懂得基本的检查回路的方法，能够在不误触其他接点的前提下自主查找出故障点，不仅能减轻继电保护专业人员的工作负担，同时能有效减少故障排除的时间，及早送电。

（2）适当开展全站断路器控制回路培训，着重点故障查找思路及处理方式，增强运行人员对站内控制回路原理和接线的理解。

（3）运行人员应加强验收的质量，保证班组人员对工作过的地方都已恢复到工作前的状态，确保不会影响送电操作。

第二篇

典型隔离开关

第四章　500kV 隔离开关二次回路的基本原理及故障实例分析

第一节　500kV 隔离开关二次回路的基本原理

一、控制回路的基本组成

隔离开关控制回路主要由测控屏内测控单元、500kV 高压场地汇控箱及机构箱等部分组成，如图 4-1 所示。其中操作电源 KM 是汇控箱的隔离开关控制电源，当远方就地选择开关在远方位置，测控装置经后台远方遥控分合隔离开关，当远方就地选择开关在就地位置，通过分合闸 KK（切换开关）进行就地操作，经由机构箱端子与汇控箱端子至-KM。

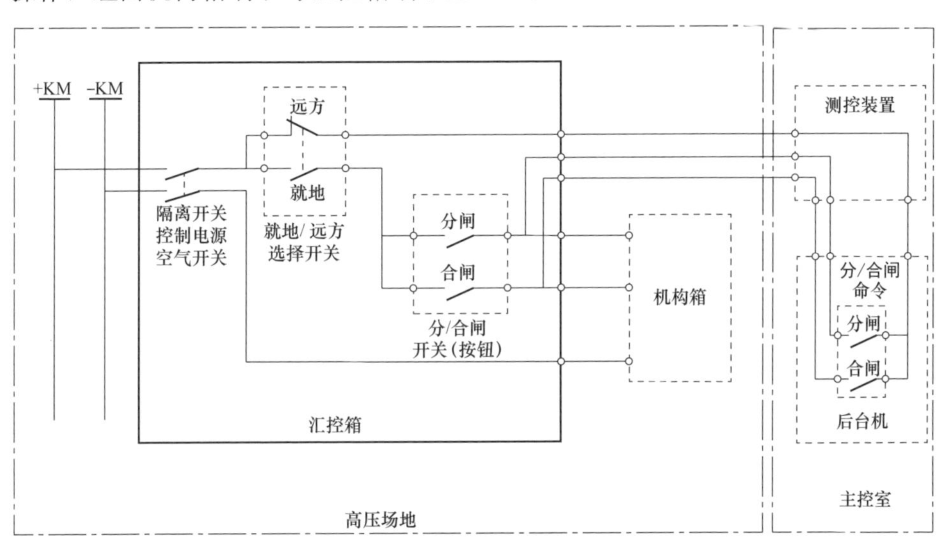

图 4-1　隔离开关控制回路的示意图

二、测控

隔离开关控制回路动作原理是分闸（或合闸）脉冲触发使分闸（或合闸）

继电器励磁，使得分闸（或合闸）辅助接点实现自保持以及操作电机转动，而分闸（或合闸）到位后，隔离开关位置辅助接点切断控制回路，使得电机停止运转。

1. 后台遥控合闸回路

如图 4-2 所示，“远方/就地”切换开关 43LR 切换到“R（远方）”位置，当后台发出合闸指令，REM CLOSE 闭合，发出合闸脉冲，经过分闸线圈动断触点 89TX、隔离开关凸轮限位开关 hb（隔离开关分闸到位时闭合）、热偶继电器 49M、电机闭锁触点 27DM、手动操作闭锁触点 SBXD1、三相隔离开关解除/联锁接点 Lb、联锁回路后接通，合闸继电器 89CX 励磁，通过 89CX 触点形成自保持，直到隔离开关合闸到位，隔离开关凸轮限位开关 hb 断开，切断合闸控制回路。图 4-2 中 43IL 为解锁转换开关，用于紧急情况下可以短接联锁回路，进行紧急操作。

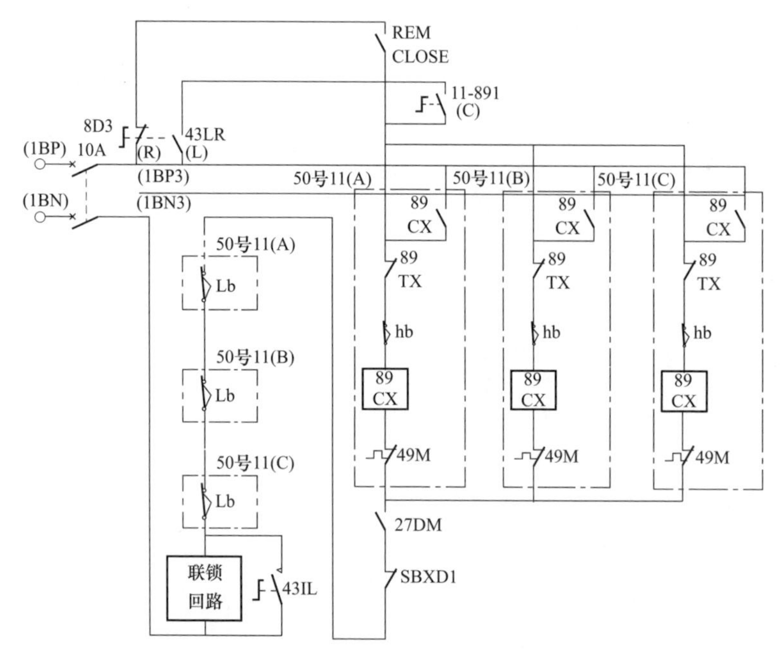

图 4-2　测控后台合闸回路的示意图

2. 后台遥控分闸回路

如图 4-3 所示，“远方/就地”切换开关 43LR 切换到“R（远方）”位置，当后台发出合闸指令，REM OPEN 闭合，发出分闸脉冲，经过合闸线圈动断触点 89CX、隔离开关凸轮限位开关 Qa（隔离开关合闸到位时闭合）、热偶继

电器触点 49M、电机闭锁触点 27DM、手动操作闭锁触点 SBXD1、三相隔离开关解除/联锁触点 Lb、联锁回路后接通，分闸继电器 89TX 励磁，通过 89TX 触点形成自保持，直到隔离开关分闸到位，隔离开关凸轮限位开关 Qa 断开，切断分闸控制回路。

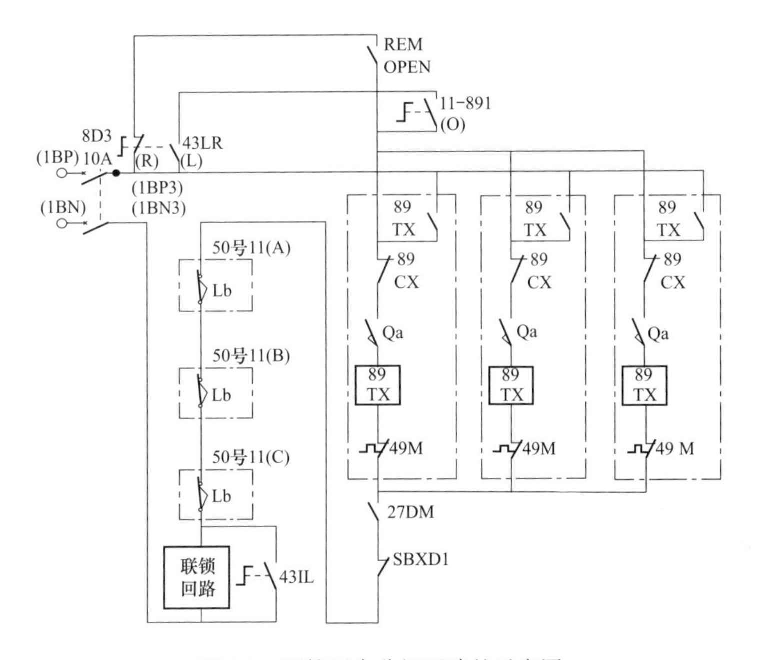

图 4-3　测控后台分闸回路的示意图

三、汇控箱

1. 现场远方合闸回路

如图 4-4 所示，“远方/就地”切换开关 43LR 切换到“L（就地）”位置，汇控箱隔离开关合闸开关 11-891 拧至“C（合闸）”位置，合闸回路经过分闸线圈动断触点 89TX、隔离开关凸轮限位开关 hb（隔离开关分闸到位时闭合）、热偶继电器触点 49M、电机闭锁触点 27DM、手动操作闭锁触点 SBXD1、三相隔离开关解除/联锁接点 Lb、联锁回路后接通，合闸继电器 89CX 励磁，通过 89CX 触点形成自保持，直到隔离开关合闸到位，隔离开关凸轮限位开关 hb 断开，切断合闸控制回路。

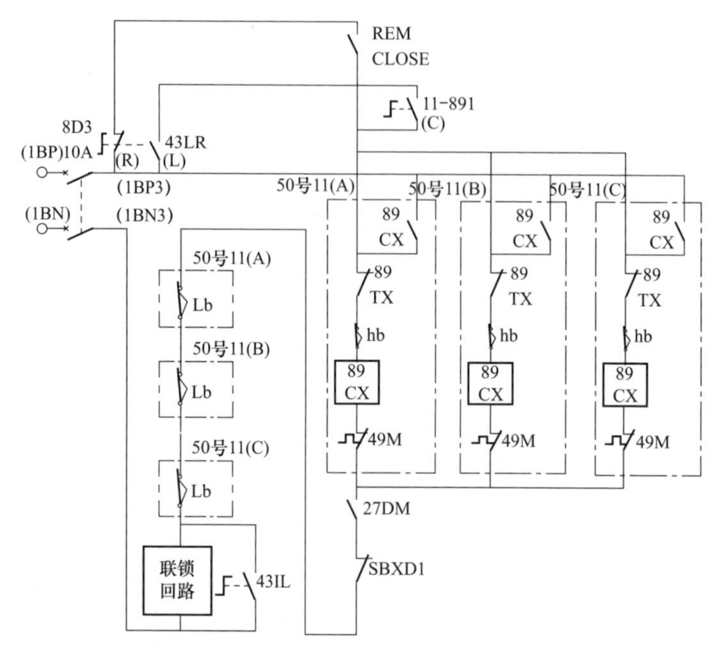

图 4-4　汇控箱现场远方合闸回路的示意图

2. 就地分闸回路

如图 4-5 所示，“远方/就地”切换开关 43LR 切换到“L（就地）”位置，

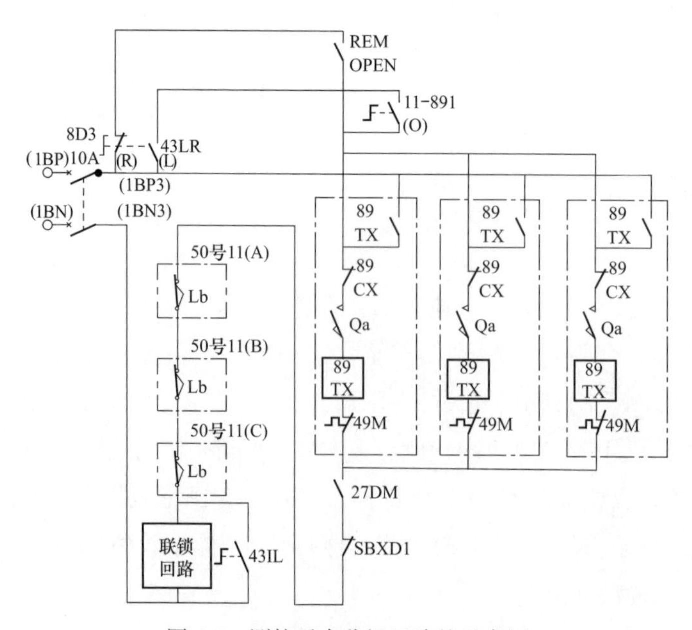

图 4-5　测控后台分闸回路的示意图

汇控箱隔离开关合闸开关 11-891 拧至 O（分闸）位置，分闸回路经过分闸线圈动断触点 89TX、隔离开关凸轮限位开关 hb（隔离开关分闸到位时闭合）、热偶继电器触点 49M、电机闭锁触点 27DM、手动操作闭锁触点 SBXD1、三相隔离开关解除/联锁接点 Lb、联锁回路后接通，合闸继电器 89CX 励磁，通过 89CX 触点形成自保持，直到隔离开关合闸到位，隔离开关凸轮限位开关 hb 断开，切断合闸控制回路。

3. 联锁回路

隔离开关联锁回路如图 4-6 所示。

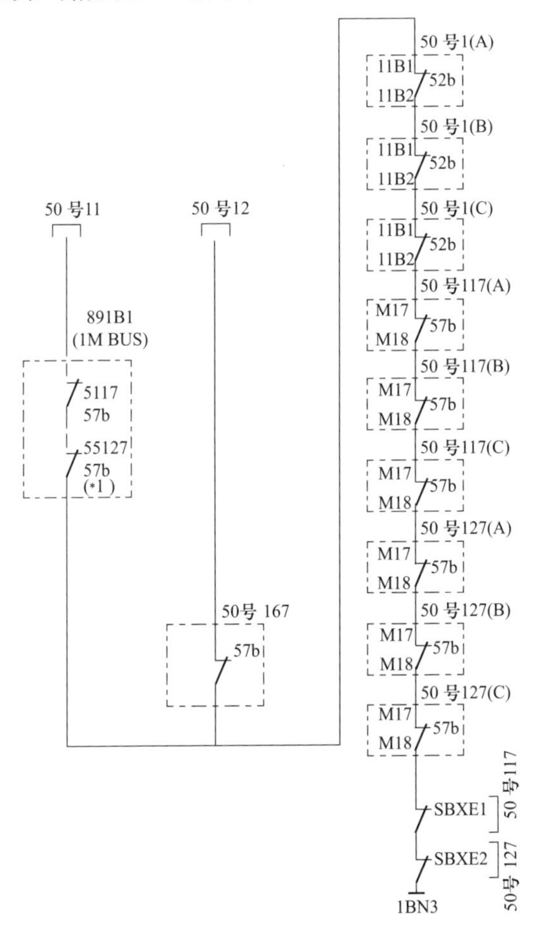

图 4-6　隔离开关联锁回路

隔离开关联锁回路通过串联相关母线接地隔离开关位置接点、出线接地开关位置接点、开关位置接点、开关两侧接地开关位置接点，以及行程开关重动继电器接点，以此形成联锁回路。

四、机构箱

隔离开关手动机械操作是保证当隔离开关电动操作失效时仍然可以进行操作的重要手段。手动操作由挡板控制，只有拨开挡板后，机械操作孔才打开，可以使用手动操作棒进行手摇操作。手动操作需与电动操作之间相互闭锁。

1. 现场就地操作回路

如图 4-7 所示，行程开关 Sa1、Sa2 为挡板接点，Sb 为挡板凸轮开关，当控制回路带电，手动操作挡板闭合状态时凸轮开关 Sb 闭合励磁，使得挡板限位器吸合，可以拨动挡板，挡板正在打开时接点 Sa1 接通、挡板完全打开后接点 Sa2 接通。此时现场就地操作回路接通，手动操作用联锁继电器 89IL 得电，可以插入摇把进行操作。隔离开关现场就地操作回路中串联电动合闸触点 89CX、电动分闸触点 89TX，使得当隔离开关正在进行电动操作时，现场就地操作回路不通，避免手动操作过程中电机启动造成伤害。同时，当挡板接点 Sa2 接通后，手动操作闭锁双位继电器 SBXD1 励磁，使得隔离开关合闸回路（见图 4-2、图 4-4）、分闸回路（见图 4-3、图 4-5）中串联的手动操作闭锁动断触点 SBXD1 断开，切断回路进行闭锁。

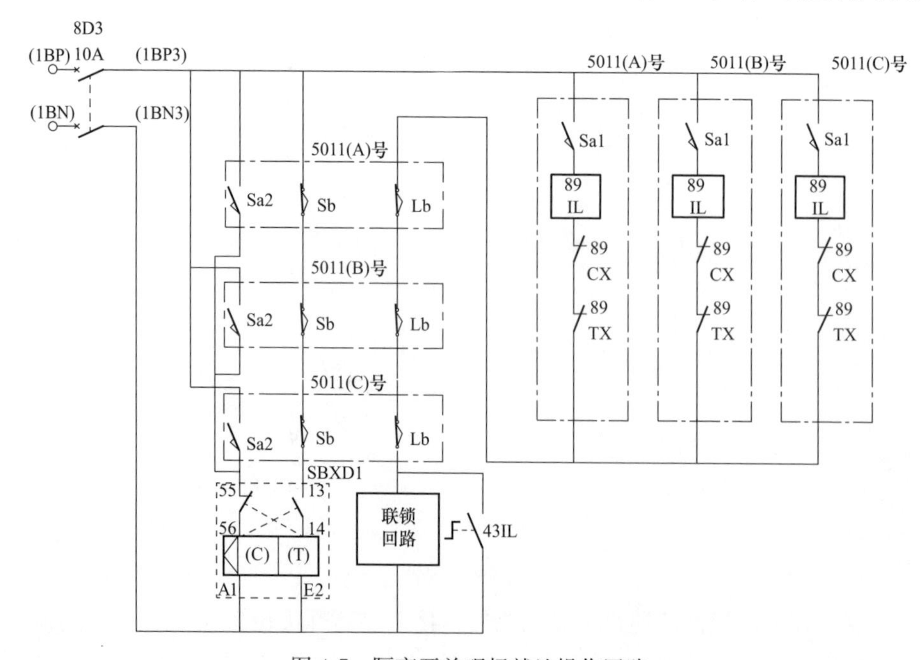

图 4-7　隔离开关现场就地操作回路

2. 电机回路

图 4-8 所示，如电机电源空气开关 8A2 闭合，当合闸继电器 89CX 励磁时，合闸辅助触点 89CX 闭合，如图红线所示回路接通，带动电机转动进行合闸；当分闸辅助触点 89TX 闭合时，电机反方向转动进行分闸。

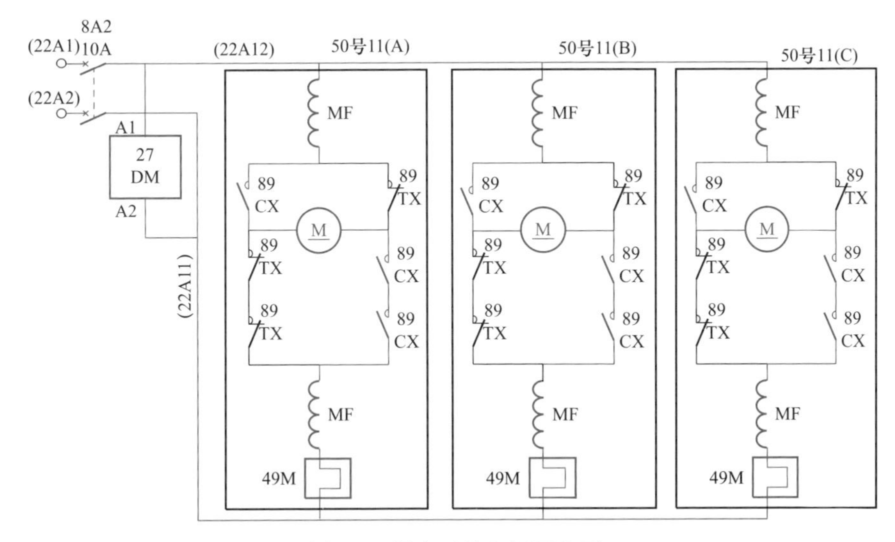

图 4-8　隔离开关电机回路图

第二节　500kV隔离开关故障实例分析

一、案例一——500kV HGIS隔离开关直流接触器生锈卡阻故障分析

1. 故障现象

2019 年 05 月 15 日 20 时 13 分，某 500kV 变电站值班员在主控室后台机遥控操作合 50112 隔离开关，后台显示隔离开关在合位（后台隔离开关不能分相显示，一相合即显示合，三相分才显示分），现场检查 50112 隔离开关 B 相、C 相在合位，A 相在分位，值班员随即前往 5011 汇控箱遥控合 50112 隔离开关，A 相依然在分位。

2. 故障分析

监控后台和 5011 汇控箱遥控合 50112 隔离开关，A 相依然在分位，现场检查传动机构，无机械闭锁（五防挂锁挂在“UNLOCK”位置），也没有明显机械故障。初步确定故障在汇控箱或机构箱。50112 隔离开关厂家白图如图 4-9 所示，黑色虚线框内为机构箱回路部分，黑色虚线框外为汇控箱回路部分。

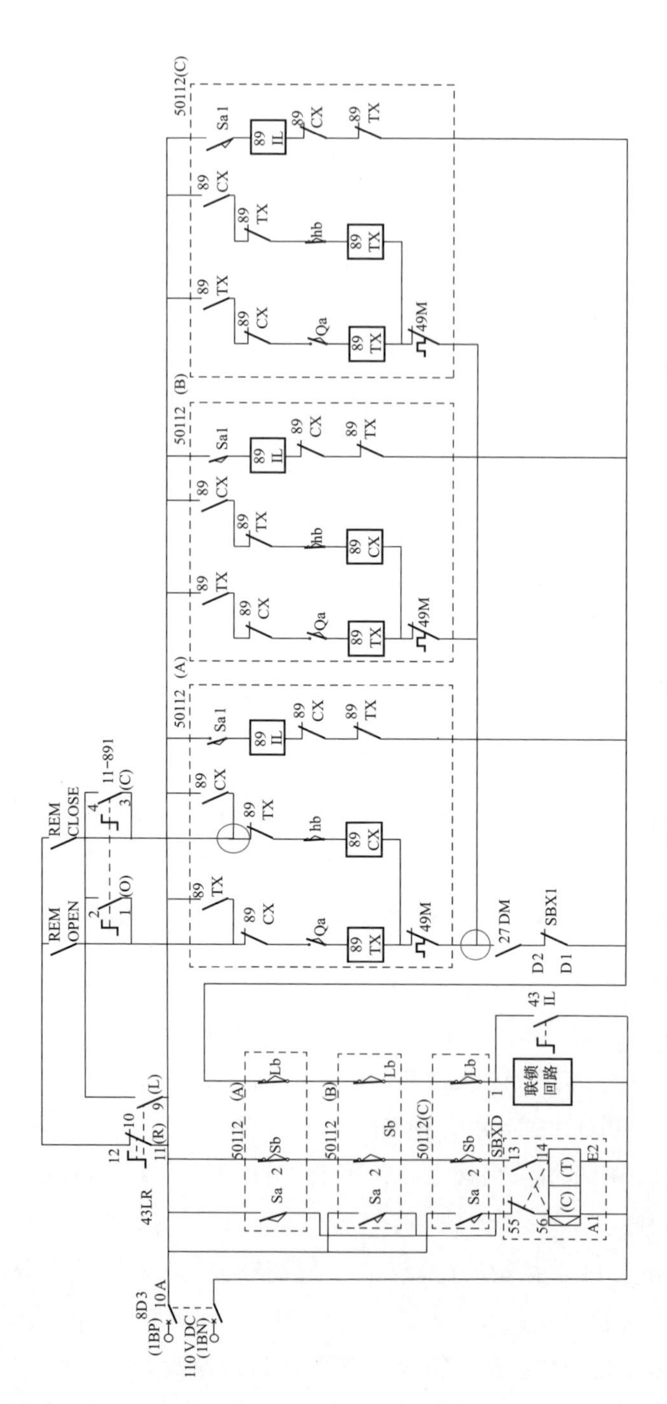

图4-9　隔离开关控制回路图（虚线框内为机构箱回路，框外为汇控箱回路）

（1）隔离开关控制回路基本原理。由图 4-9 隔离开关控制回路图可以看出，控制回路采用 110V 直流电，其中的元器件包括汇控箱就地-远方转换开关 43LR，当选择“就地”时接点 9-10 导通，选择“远方”时接点 11-12 导通；就地操作开关 11-891，选择“分闸”时接点 1-2 导通，选择“合闸”时接点 3-4 导通；Qa 为限位开关，隔离开关分位时断开，隔离开关合位时闭合，hb 为限位开关，隔离开关合位时断开，隔离开关分位时闭合；89TX 为分闸接触器，89CX 为合闸接触器；49M 为热偶继电器触点；27DM 为隔离开关电机电源低电压继电器；SBXD1 为手动操作凸轮开关 Sa2 和 Sb 的重动继电器，其中 Sa2 在挡板打开后合上，Sb 在挡板打开后断开，SBXD1 为双位置（双线圈）继电器，若 A、B、C 任一相挡板打开即任一 Sa2 闭合则 SBXD1 合闸线圈励磁，SBXD1 的动断触点 D1、D2 断开，若 A、B、C 三相挡板均闭合即三相 Sb 均闭合则 SBXD1 复位线圈励磁，SBXD1 的动断触点 D1、D2 合上；Lb 为机械联锁限位开关，机构箱外可挂五防锁挂在“LOCK”位置时机械闭锁，Lb 的动断接点断开，实现隔离开关控制回路的可靠断开，用于保障检修时的人员安全；“联锁回路”为电气闭锁回路；43IL 为旁路开关，用于检修等特殊情况下跳开电气闭锁回路进行操作。

由图 4-10 隔离开关电机回路图可以看出，电机回路采用 220V 交流电，其

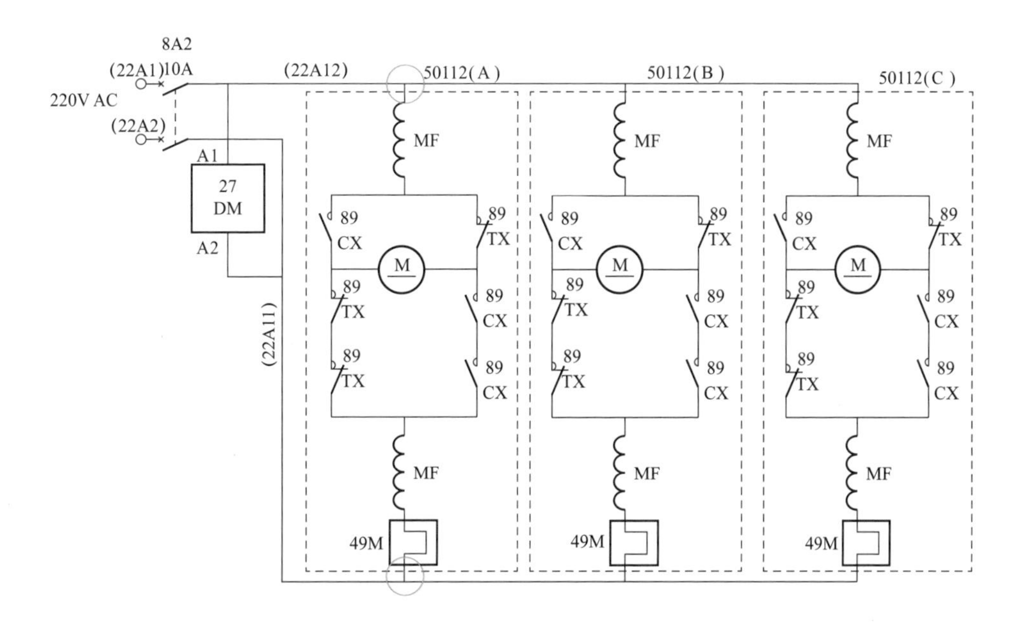

图 4-10　隔离开关电机回路图（虚线框内为机构箱回路，框外为汇控箱回路）

中的元器件包括：MF 为励磁绕组，用于产生励磁磁场；89TX 为分闸接触器动合触点；89CX 为合闸接触器动合触点；M 为电枢绕组，用于产生感应电动势和电磁转矩实现能量转换；49M 为热偶继电器。

手动操作闭锁回路用于手动操作前判断是否满足闭锁条件，其中的元器件包括：89TX 为分闸接触器动断触点；89CX 为合闸接触器动断触点；Sa1 为凸轮开关，手动操作挡板正在打开时合上；89IL 为手动操作联锁线圈；手动操作时，满足闭锁条件 89IL 才能励磁，手动操作挡板才能打开。

因为电动操作时 B、C 相均能正确合上，A 相不能，可以判断 A、B、C 三相的公共回路部分应该没有故障，故障回路在 A 相机构箱内或 A 相机构箱与汇控箱直接的连接线上，下面仅分析电动操作时机构箱内合隔离开关的过程。

汇控箱就地电动合隔离开关时，分闸接触器 89TX 线圈不励磁，动断触点闭合；限位开关 hb 因隔离开关在分位，触点闭合；热偶继电器 49M 未动作，触点闭合；合闸接触器 89CX 两端得电，控制回路内 89CX 动合触点闭合，合闸回路自保持；电机回路内 89CX 的两对动合触点闭合，直流电机的励磁绕组 MF 和电枢绕组 M 均励磁，电机旋转合上隔离开关。

（2）隔离开关控制回路常见故障如下。

1）端子排和元器件接线松脱。

2）控制电源或电动机电源空气开关跳闸。

3）热偶继电器动作。

4）接触器故障，辅助触点损坏或接触器卡阻。

5）联锁回路异常。

6）电机线圈烧毁。

3. 故障处理

初步判断故障范围后，值班员随即准备好万用表、图纸、手电筒、螺钉旋具前往现场检查。

首先断开隔离开关电动机电源空气开关 8A2 和控制电源空气开关 8D3，万用表测量确认空气开关下端均无电压。随即打开 50112 隔离开关 A 相机构箱，发现机构箱底部有受潮现象。

用电阻法查找，万用表打到电阻档，测量机构箱内合闸控制回路电阻（表笔分别接触两个红色圈对应的端子处）为 3.58kΩ，A 相机构箱合闸控制回路

电阻正常；手动按下合闸接触器 89CX 的励磁指示器（可以感受到较大阻力），使接触器动合触点强行闭合，动断触点强行断开，测量机构箱内电机回路电阻（表笔分别接触两个蓝色圈对应的端子处）为 235Ω，A 相机构箱电机回路电阻正常。

因合闸接触器 89CX 励磁指示器按下时阻力较大，怀疑接触器故障，改用电位法查找，在汇控箱处合上隔离开关控制回路电源空气开关 8D3，将汇控箱就地操作开关 11-891 拧至合闸位置并保持（打死），检查发现合闸接触器 89CX 励磁指示器未动作（励磁后指示器正常应被吸入继电器里面），将万用表打到直流电压档，测量 89CX 线圈两端电压为 109V，由此可判断，接触器 89CX 线圈两端有电压却未励磁吸合，为接触器自身故障。根据机构箱内受潮痕迹，仔细检查发现接触器金属部件有锈蚀痕迹，初步判断接触器因受潮锈蚀而导致卡阻损坏。更换接触器后，顺利合上 A 相隔离开关。

4. 故障总结

该 500kV 变电站投产已超过 15 年，近两年在该站多次出现直流接触器因机构箱受潮而生锈卡阻，日常工作中应加强防潮巡视，并积极申请对该机构箱密封问题进行处理，或整体更换受潮机构箱，以彻底消除此类缺陷。对于故障处理总结如下：

（1）隔离开关非检修状态下检查回路应先断开隔离开关电动机电源，并测量空气开关下端确无电压。

（2）500kV 隔离开关控制回路部分因没有三相机械联动，可能出现某一相或两相无法操作的现象，查故障时可由此排除三相公共部分，缩小故障范围。

二、案例二——500kV 隔离开关电动机过负荷异常告警分析

1. 故障简介

××年××月××日××时××分，某 500kV 变电站值班员值班时监控后台出现“5004 断路器油泵过载及隔离开关电动机过负荷动作”报文，并伴有“5004 断路器油泵过载及隔离开关电动机过负荷”光字。经现场检查 5004 断路器汇控箱，显示 50042 隔离开关电动机过负荷光字牌掉牌，5004 断路器压力正常，无油泵过载掉牌；现场按下 50042 隔离开关电动机过负荷光字牌复归按钮，该光字未能复归。

2. 故障分析

热偶继电器是由热电偶构成的，所以称为热偶。它是由两个或以上热膨胀

系数不同的金属元件构成的测量件。热偶继电器常串接于电机回路中，它的工作原理是，流入热偶的电流因电流的热效应产生热量，使热膨胀系数不同的金属片产生形变，当电流过大或时间过长时，形变达到一定程度，带动热继电器串接在控制回路中的动断触点断开，以断开控制回路，进而断开电机回路，避免电机过热烧毁，实现过负荷保护。同时热偶继电器动合触点闭合，接通信号回路，形成电动机过负荷信号。

信号回路图如图 4-11 所示，油泵过载及隔离开关电动机过负荷信号由汇控箱 TB9/60、TB9/61、TB9/62、TB9/68 端子合并到 S729 支路上传至主控室；

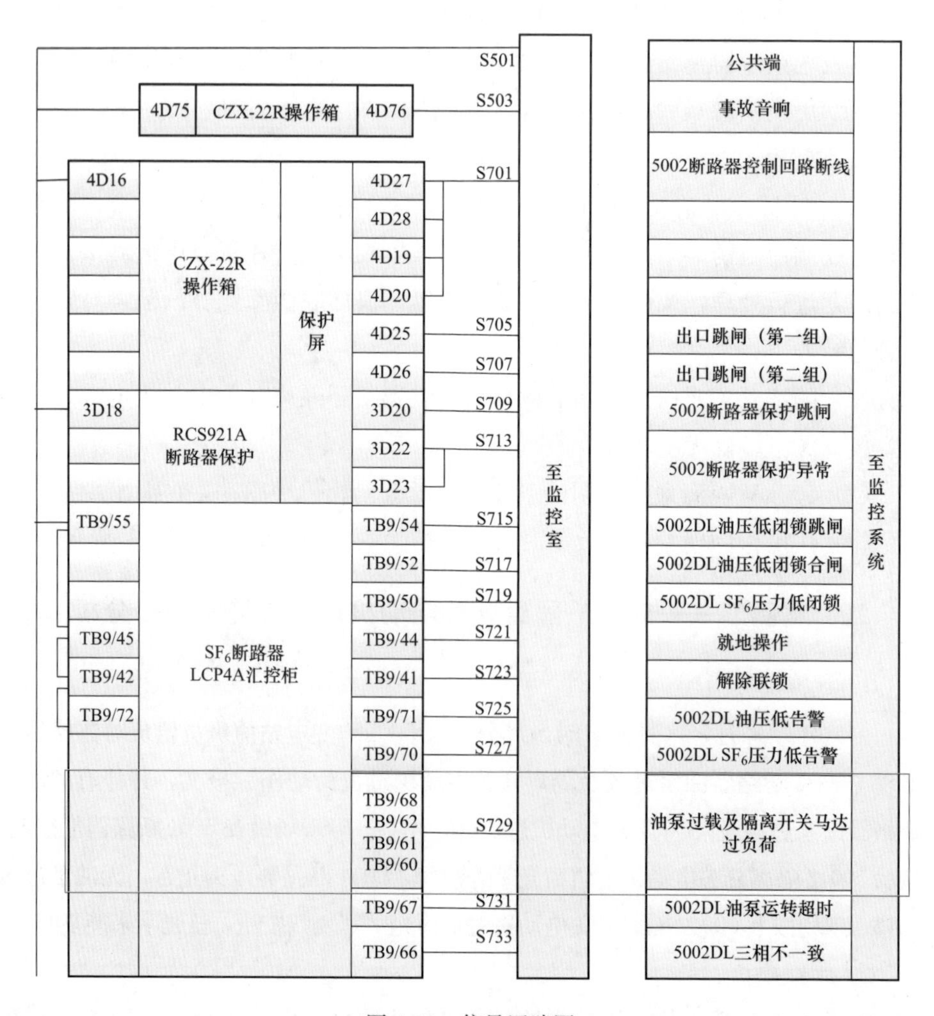

图 4-11　信号回路图

从汇控箱端子排如图4-12所示可见，接入端子TB9/60、TB9/61、TB9/62、TB9/68的支路分别是30J13、30J12、30J11、30J5。

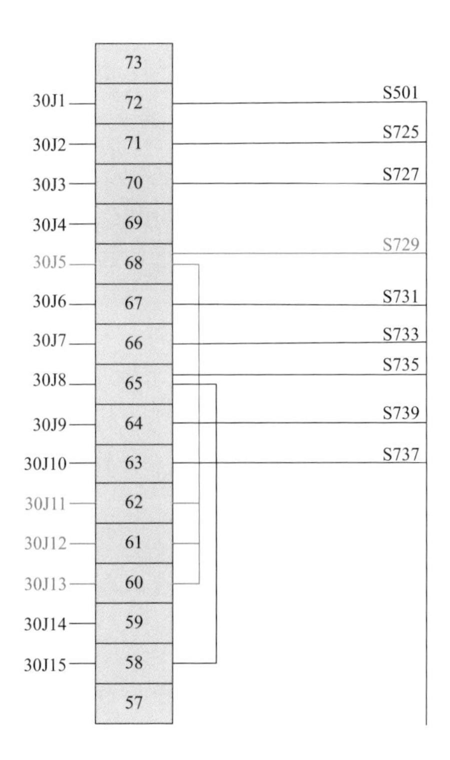

图4-12　汇控箱端子排

告警信号回路原理图如图4-13和图4-14所示，连接30J5、30J11、30J12、30J13支路的分别是断路器油泵过负荷、隔离开关电动机过负荷、500%67和500%617接地开关电动机过负荷的告警信号回路（%代表2或者4，因该图纸同时适用于5002和5004断路器间隔）。隔离开关电动机热偶继电器49M与分闸/合闸接触器串接在隔离开关分闸/合闸回路中，当分闸/合闸回路长时间导通时，该隔离开关电动机热偶继电器49M动作，其动合触点闭合，隔离开关过负荷回路导通，隔离开关电动机过负荷光字牌30-49D掉牌，致使电动机过负荷光字牌的动合触点闭合，至主控室后台监控机的告警信号回路导通，隔离开关电动机过负荷信号告警。

3. 故障处理

值班员值班时监控后台出现“5004断路器油泵过载及隔离开关电动机过负

荷动作”报文，并伴有“5004 断路器油泵过载及隔离开关电动机过负荷”光字。经现场检查 5004 断路器汇控箱，发现 50042 隔离开关电动机过负荷光字牌掉牌，5004 断路器压力正常，无油泵过载掉牌；现场按下 50042 隔离开关电动机过负荷光字牌复归按钮，该光字未能复归。初步判断为 50042 隔离开关电动机过负荷异常告警，非 5004 断路器油泵过载异常告警。

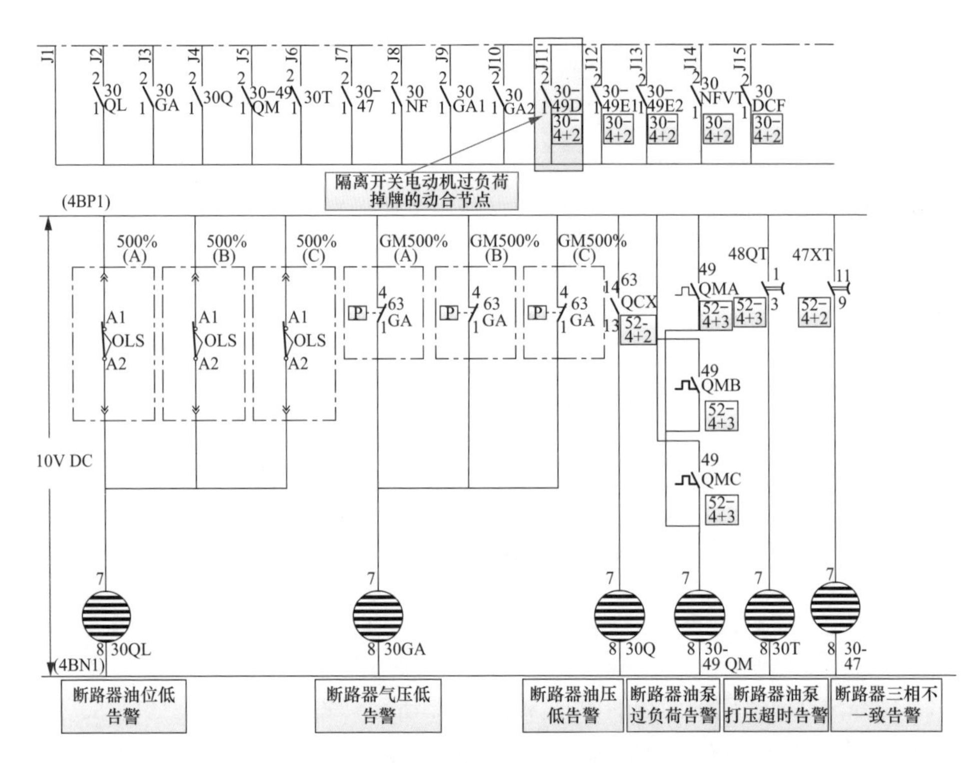

图 4-13　告警信号原理回路图 1

通过查找信号回路图及相关二次回路图进行分析，隔离开关电动机热偶继电器 49M 与分闸/合闸接触器串接在隔离开关分闸/合闸回路中，该隔离开关电动机热偶继电器动合触点闭合，将导致隔离开关电动机过负荷回路导通，其电动机过负荷光字牌掉牌，并发出隔离开关电动机过负荷信号告警。同时发现“5004 断路器油泵过负荷”“50042 电动机过负荷”“5004267 电动机过负荷”“50042617 电动机过负荷”告警从场地汇控箱至主控室为同一信号回路，并在后台监控机合并信号为“5004 断路器油泵过载及隔离开关电动机过负荷”光字。

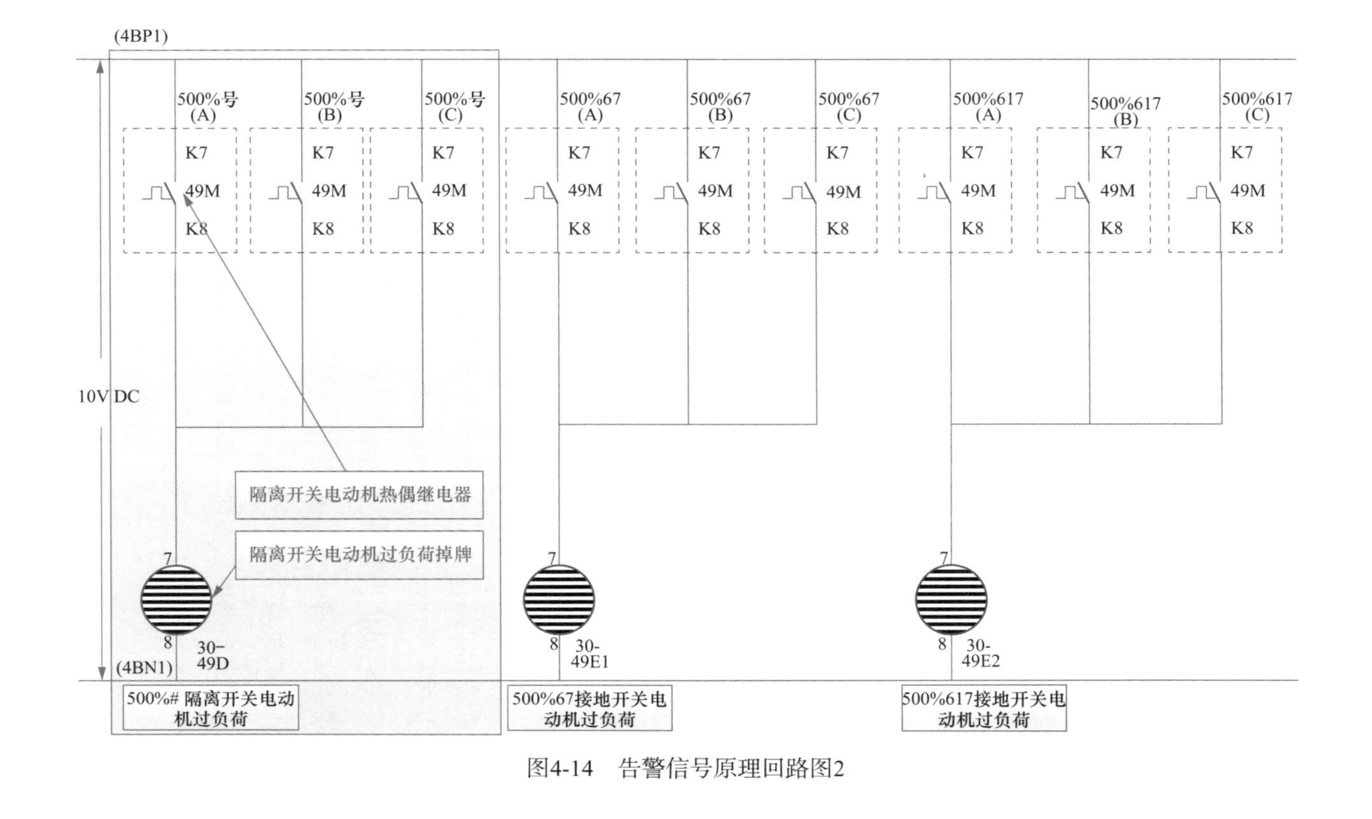

图4-14　告警信号原理回路图2

打开汇控箱和隔离开关机构箱检查时，发现隔离开关机构箱内壁有水珠，电阻发热器（用于加热除湿）正常运行。使用万用表直流电压档分别测量50042热偶继电器49M的动合触点两端K7和K8的对地电压，K7电压为+57V，K8电压为−56V，证明动合触点K7-K8在断开位置，50042隔离开关的热偶继电器未动作（该热偶若动作后即使故障消失，仍需要手动复归触点才能返回），此时隔离开关电动机过负荷光字牌未得电。

再次按下50042隔离开关电动机过负荷掉牌按钮，该光字牌信号复归。判断故障原因是机构箱受潮导致告警信号回路短路导通，第一次按复归按钮时短路点仍旧导通，因而光字不能复归；后续测量检查时因开箱通风等原因导致湿度降低，短路点不再导通，故障消失，因而测得动合触点两端K7、K8的电压不一致，光字可以复归。

4. 故障总结

隔离开关电动机为隔离开关分合闸提供动力，电动机过负荷运行会致使电动机温升过高过热，长时间过负荷运行会使电机烧毁，将严重影响设备操作，因此需要采用电动机过负荷监视回路监视是否有过负荷情况发生。南方雨水潮湿季节较多，变电设备尤其是二次回路容易造成短路异常故障，在此期间应加强日常的防潮巡视，做好设备密封和除湿工作，对异常信号做到早发现早处理，避免扩大事故影响范围，保障设备和电网安全稳定运行。为提高此类异常故障的处理能力，总结如下：

（1）注重后台监控报文、保护信息和现场设备实际情况结合，对异常故障原因进行初步分析和判断，缩小故障查找范围。

（2）加强变电设备告警信号回路和其他相关二次回路的学习，提升图纸识读能力和现场接线查找能力，做到图实对应。

（3）加强各类机构箱和汇控箱的日常巡视，严查各类箱体的密封情况，严防小动物进入和进水潮湿，确保二次回路和装置拥有良好的运行环境。

第五章　220kV隔离开关二次回路的基本原理及故障实例分析

第一节　220kV隔离开关二次回路的基本原理

一、控制回路的基本组成

220kV隔离开关控制回路主要用于隔离开关“远方/就地”控制分合闸，以及隔离开关分合闸联锁。主要由测控屏内隔离开关测控单元、220kV高压场地汇控箱及机构箱等部分组成，如图5-1所示。其中操作电源KM是汇控箱的隔离开关控制电源，当远方就地选择开关在远方位置，测控装置经后台远方遥控分合隔离开关，当远方就地选择开关在就地位置，通过分合闸KK（切换开关）进行就地操作，经由机构箱端子与汇控箱端子至-KM。

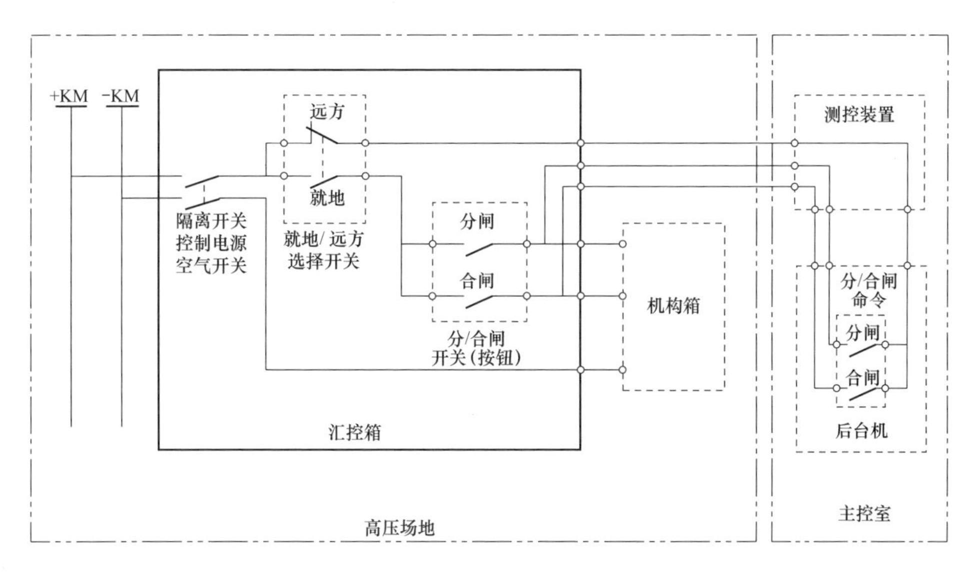

图5-1　隔离开关控制回路的示意图

二、后台机操作

1. 后台遥控合闸回路分析

如图 5-2 所示，将“就地/远方”选择开关切换至“远方”位置，接点 11-12 接通。当后台机发出合闸命令时，因为此时隔离开关在拉开位置，隔离开关动断接点 TX、行程开关 SL1 处于闭合状态，后台机发出隔离开关合闸命令，合闸回路接通，隔离开关处于分闸位置时，合闸线圈 CX 励磁动作，其动合接点闭合，自保持回路接通，电机回路接通，热偶继电器 KT 不动作，其接点处于动断状态，电动机正转。手动摇孔挡板处于封闭状态，SP1 和 SP3 的接点在“NO”位置；锁杆闭锁，SP2 的接点在“NO”位置。当隔离开关位置与断路器、接地开关位置符合“五防”逻辑时，联锁回路处于接通状态，隔离开关开始合闸，合闸到位后，行程开关 SL1 断开，SL2 闭合，合闸控制回路失电，合闸线圈 CX 复归，其动合接点恢复至断开状态，动断接点恢复至闭合状态。

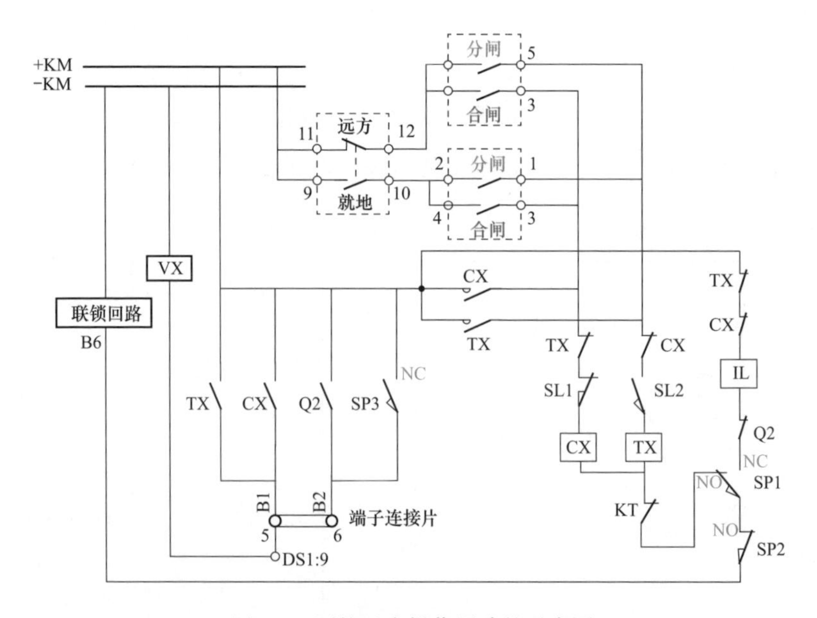

图 5-2　测控后台操作回路的示意图

2. 后台遥控分闸回路

如图 5-2 所示，将“就地/远方”选择开关切换至“远方”位置，接点 11-12 接通，接点 9-10 断开。后台机发出隔离开关分闸命令，分闸回路接通，隔离开关

处于合闸位置时，动断接点 CX 隔离开关、行程开关 SL2 处于闭合状态，分闸线圈 TX 励磁动作，其动合接点闭合，自保持回路接通，电机回路接通，热偶继电器 KT 不动作，其接点处于动断状态，电动机反转。手动摇孔挡板处于封闭状态，SP1 和 SP3 的接点在“NO”位置；锁杆闭锁，SP2 的接点在“NO”位置。当隔离开关位置与断路器、接地开关位置符合“五防”逻辑时，联锁回路处于接通状态，隔离开关开始分闸。隔离开关分闸到位后，行程开关 SL2 断开，SL1 闭合，分闸控制回路失电，分闸线圈 TX 复归，其动合接点复归，动断接点恢复至闭合状态。

三、汇控箱

1. 就地合闸回路分析

如图 5-3 所示，将“就地/远方”选择开关切换至“就地”位置，接点 9-10 接通，接点 11-12 断开。在汇控箱将“分/合闸”选择按钮转至“合闸”位置，合闸回路接通，合闸线圈 CX 励磁动作，其动合接点闭合，自保持回路接通，电机回路接通，电动机正转，隔离开关开始合闸。松开合闸旋钮后，合闸旋钮恢复至“停止”位置，合闸命令消失，依靠自保持回路来保障隔离开关在合闸过程中，合闸控制回路一直处于导通状态，直至合闸到位。

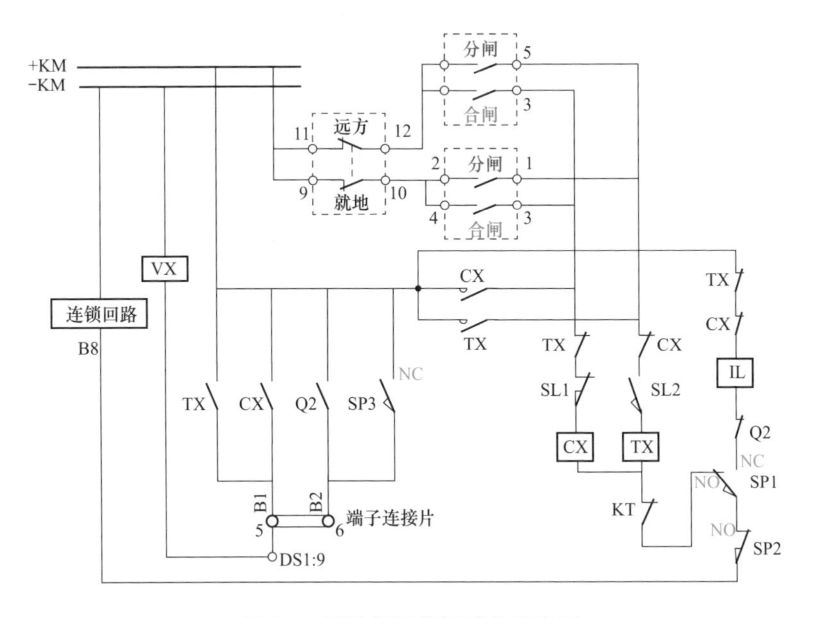

图 5-3　汇控箱操作回路的示意图

2. 就地分闸回路分析

如图 5-3 所示，将“就地/远方”选择开关切换至“就地”位置，接点 9-10 接通，触点 11-12 断开。在汇控箱将“分/合闸”选择按钮转至“分闸”位置，分闸回路接通，分闸线圈 TX 励磁动作，其动合触点闭合，自保持回路接通，电动机回路接通，电动机反转，隔离开关开始分闸。松开分闸旋钮后，分闸旋钮恢复至“停止”位置，分闸命令消失，依靠自保持回路来保障隔离开关在分闸过程中，分闸控制回路一直处于导通状态，直至分闸到位。

3. 联锁回路分析

联锁回路主要由断路器、隔离开关以及接地开关的辅助接点构成，用于防止电气误操作（图 5-4 中断路器、隔离开关及接地开关均在分位）。

如图 5-4 所示，以 1G（DS21）分合闸为例，1M（ES71）母线接地开关拉开，TA 侧 C0（ES22）接地开关拉开，母线侧 B0（ES21）接地开关拉开，线路断路器（CB21ABC）三相分闸，母线侧 2G（DS22）隔离开关拉开，联锁回路接通，母线侧 1G（DS21）隔离开关具备分合闸条件。

四、机构箱

1. 现场就地操作回路分析

如图 5-5 所示，以手拨开挡板，由于电磁铁线圈未励磁，挡板只能被拨开至一半左右的位置，此时 SP1 和 SP3 的接点变为“NC”位置，手动操作判定回路接通，闭锁断路器合闸回路。手动操作判定回路接通后，电磁铁线圈 IL 励磁动作，电磁铁吸回，挡板可以完全打开，可以将摇把插入摇孔进行手动操作。此时，Q2 动断触点断开，动合触点闭合。摇孔挡板打开后，即可进行隔离开关手动操作。操作完成后，SL1 和 SL2 变位；松开挡板后，自动封闭，Q2 的接点返回，SP1 和 SP3 恢复至“NO”位置。

2. 电机回路分析

热偶继电器 KT 串接于电机回路中，当电机发生短路故障时热偶继电器 KT 动作，其串接于控制回路的动断触点断开，切断隔离开关电动分合闸控制回路，从而对电动机起到保护作用。

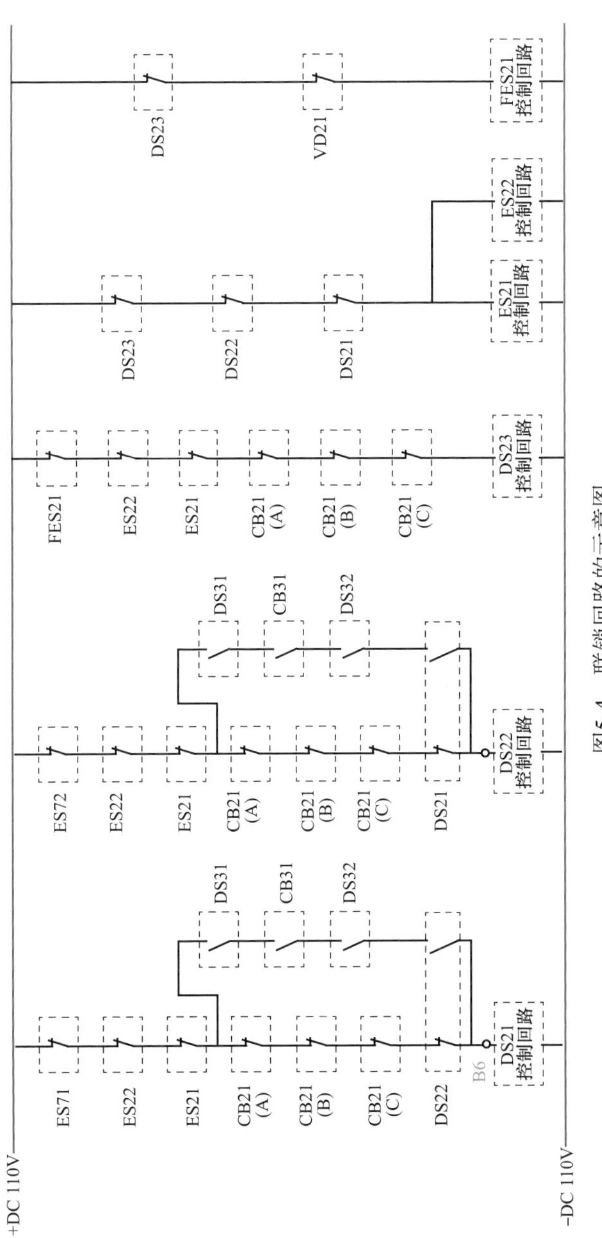

图5-4　联锁回路的示意图

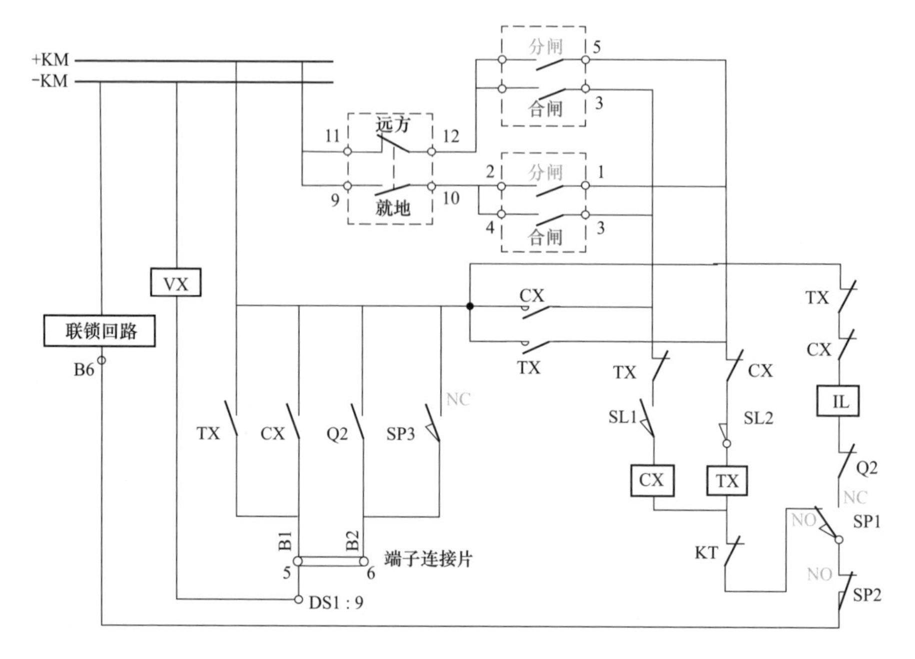

图 5-5　机构手动操作回路的示意图

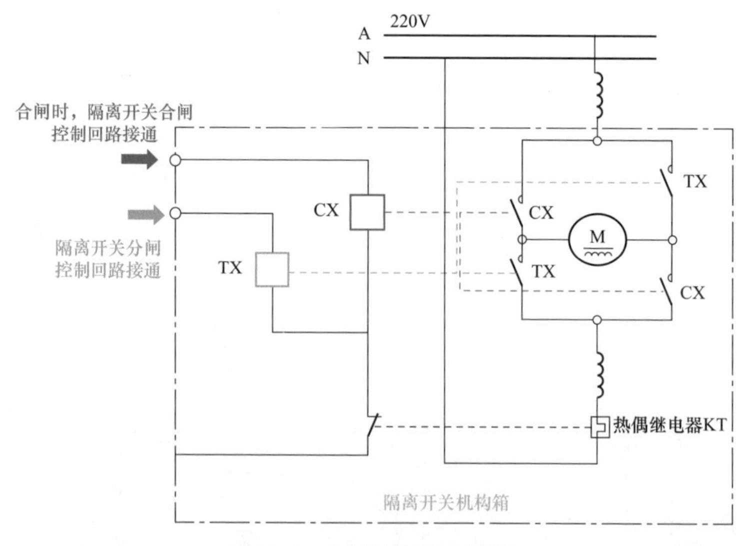

图 5-6　电机回路的示意图

(1) 隔离开关合闸：如图 5-6 所示，当隔离开关的合闸控制回路通电时，合闸接触器 CX 动作励磁，其动合触点闭合，电动机回路接通，电动机正转，隔离开关由分开位置转为合上位置。

（2）隔离开关分闸：如图 5-6 所示，当隔离开关的分闸控制回路通电时，分闸接触器 TX 动作励磁，其动合触点闭合，电动机回路接通，电动机反转，隔离开关由合上位置转为分开位置。

第二节　220kV 隔离开关故障实例分析

一、案例一——3 号主变压器 220kV 主变压器侧 22034 隔离开关不能电动分闸的异常分析

1. 故障简介

2016 年 11 月 22 日，因工作需要将 220kV BC 变电站 3 号主变压器及三侧断路器由运行转检修。在汇控箱进行拉开 3 号主变压器 220kV 主变压器侧 22034 隔离开关操作时，当按下 22034 隔离开关分闸按钮，22034 隔离开关电机没有动作，不能进行正常分闸。操作人员进行现场初步检查，2203 断路器在分闸位置，隔离开关机构箱电源开关合上，机构箱“远方—就地”开关在“远方”状态，五防钥匙显示步骤正确，隔离开关汇控箱“远方—就地”开关在“就地”状态，隔离开关电机电源、控制总电源空气开关合上，经万用表测量电压正常，均满足电气操作条件。

2. 故障分析

3 号主变压器 220kV 主变压器侧 22034 隔离开关为某厂家 DR22-MM25 型设备，该隔离开关为电动操动机构。可将 22034 隔离开关电动操作回路划分三部分进行分析，分别为电动机主回路、电动机控制回路、隔离开关闭锁回路。

（1）电动机主回路，电动机主回路图如图 5-7 所示。

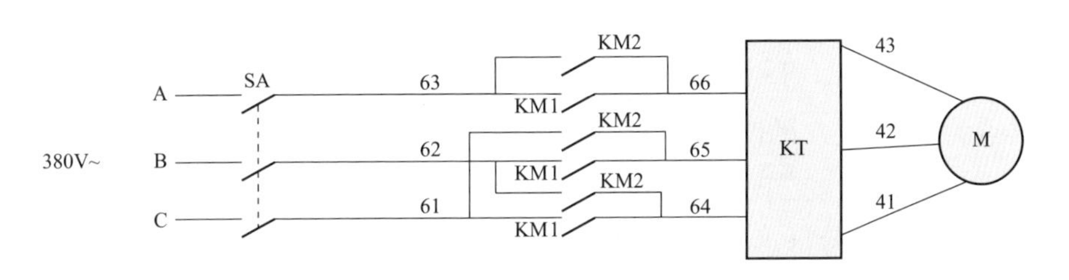

图 5-7　电动机主回路图

1）组成部分。由带过流保护的总电源空气开关 SA、两个交流接触器 KM1、KM2 接点、保护电机的热偶继电器 KT、电动机 M 共四部分组成。

2）常见故障。①总电源空气开关 SA 进线端无电压。220kV 场地隔离开关的电机电源采用双回路环网式供电，在场地两边间隔为各支路电源始端，中间间隔为联络端，联络开关断开，避免两支路电源并列，检查电源始端电源总开关是否被误断开或该支路失电，可恢复电源电开关或合上联络开关恢复电源；②总电源空气开关过流保护动作后未返回，空气开关在伪合闸状态，通过测量下端对地电压为 0V（正常值为 220V），通过断开关，重新合闸即可恢复；③交流接触器不能正常吸合动作，出现抖动的声音，电动机不能转动，多为进线电源缺相现象；④电动机短路或开路，测量电动机两相绕组电阻值进行判断（正常值约为 27Ω）。

（2）电动机控制回路，电机控制回路图如图 5-8 所示。

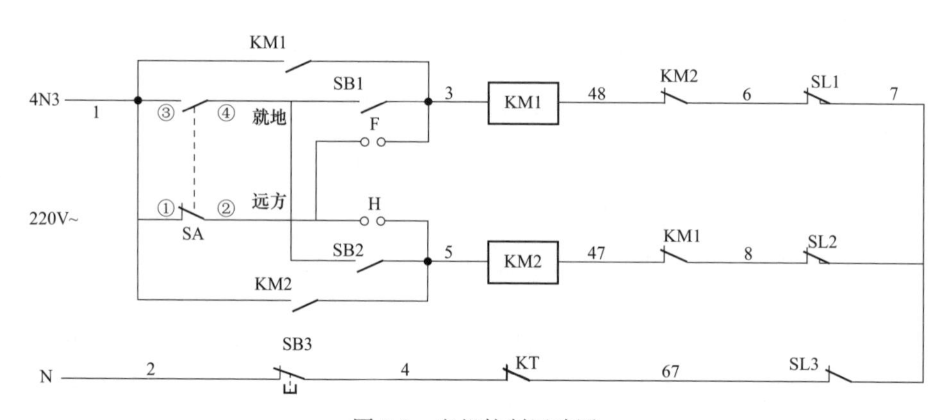

图 5-8　电机控制回路图

1）组成部分。由“就地-远方”转换开关 SA，“分闸”SB1，“合闸”SB2，“停止”SB3 按钮，行程开关 SL1、SL2、SL3，接触器及辅助触点 KM1、KM2，热偶继电器动断触点 KT 组成。

2）常见故障。①“就地-远方”转换开关故障，不能进行转换，可通过测量接点的电阻（SA 的两端点电阻值为 0V）；②分闸限位行程开关 SL1（合闸限位行程开关 SL2、手动闭锁行程开关 SL3）没到位，多为隔离开关合（分）闸时电机行程调节过小，未到合位行程，电机就停止，或隔离开关机构箱侧门未关闭，使 SL3 行程开关断开，通过测量 6-7（8-7、7-0）接点是否导通进行故

障判断；③停止按钮 SB3 接线错误，SB3 按钮接到动合接点（或 SB3 按钮按下后不能返回），通过测量 2-4 端子是否导通进行故障判断；④热偶继电器 KT 动作后未返回，使动断触点断开，通过测量 67-4 端子是否导通进行故障判断。

（3）闭锁回路（电机闭锁回路图如图 5-9）。

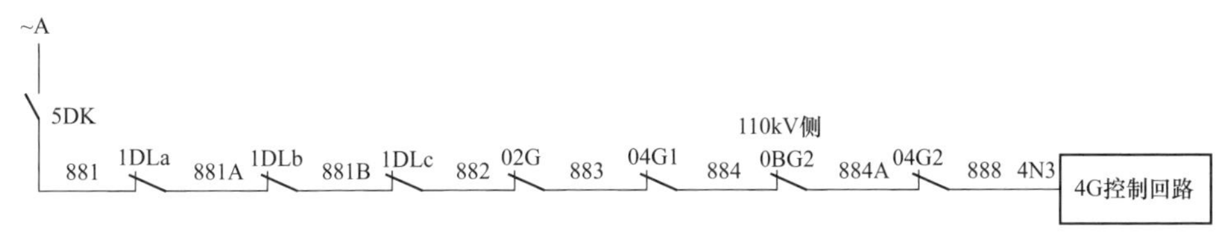

图 5-9　电机闭锁回路图

1）组成部分。由带过流保护的控制电源空气开关 5DK、2203 开关三相的动断触点、2203B0、2203C0、220340、103T0 接地隔离开关的动断接点串接构成 22034 隔离开关的闭锁回路。

2）常见故障。①开关辅助触点粘死，开关分闸后动断打开，通过测量 881-882 是否导通进行故障判断；②接地隔离开关拉开后转换开关不到位，造成动断接点断开，通过测量 882-4N3 是否导通进行故障判断。

3. 故障处理

二次回路的查找一般通过带电回路用电压法、失电回路用电阻法的方式进行查找故障点。通过下面方式快速判断故障点出在哪个回路中：断开电机回路电源，合上电机控制回路电源，按下分闸按钮，如接触器 KM1 动作，可判断电机的闭锁回路及控制回路正常，故障点出现在电机主回路，如接触器 KM1 不动作，可判断故障点出现在闭锁回路或电机控制回路，再测量闭锁回路中 4N3 接点对地电压如为 220V，可判断故障点出现在电机控制回路。

1）现场处理。断开电机回路电源，合上电机控制回路电源，按下分闸按钮，接触器 KM1 不动作，现通过测量闭锁回路中 4N3 接点对地电压为 0V，判断故障点出现在闭锁回路中，再根据闭锁回路图对各元件接点进行逐一测量，发现接点 888 对地电压为 220V，再进行测量发现问题在 888-4N3 接点，经检查，发现将 888 接点误与 3N3 连接，887 接点误与 4N3 连接（闭锁回路错误连接图见图 5-10），888 接点与 3N3 连接，887 接点与 4N3 连接，相当于将 22034 隔离开关与 22033 隔离开关的闭锁逻辑互换。通过将 888 接点与 887 接点的导线重新按图纸接回，使问题得到解决。

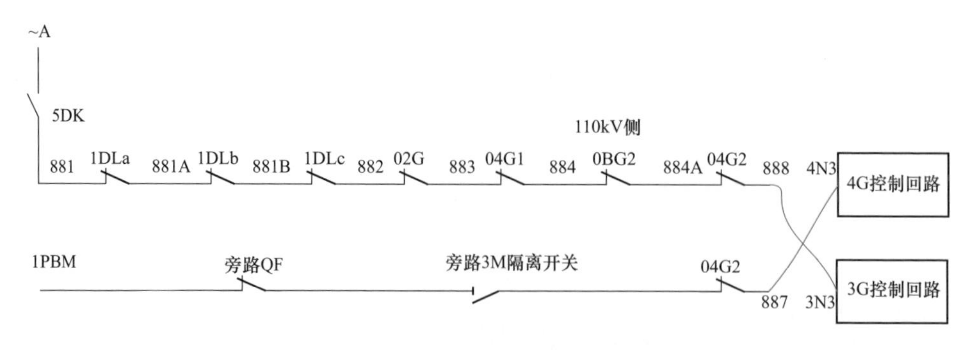

图 5-10　闭锁回路错误连接图

2）深入分析。22034 隔离开关上次能正常电动合闸，这次不能进行电动分闸的原因。首先先了解 22033 隔离开关的闭锁条件：2030 开关分位、20303 隔离开关合位、220340 接地开关分位。在 220kV 系统正常运行情况下，旁路断路器处于热备用，旁路断路器在分闸位置，旁路间隔 3M 隔离开关在合上位置，1BPM 回路带电，因此满足操作条件。11 月 20 日将 220kV 旁路 2030 断路器转为检修后，旁路间隔 3M 隔离开关在拉开位置，其动合接点断开，使 1PBM 回路失电，导致 11 月 22 日 3 号主变压器转为检修时 22034 隔离开关不能电动分闸。

4. 故障总结

这次的错误接线，除了导致操作不能正常电动分闸外，还有可能导致发生带负荷拉隔离开关及带接地开关送电的误操作情况。根据错误连接的闭锁图（见图 5-10）可看出当旁路间隔处于热备用时，22034 隔离开关满足电动分合闸操作，当 2203 断路器处于合闸时，拉合 22034 隔离开关时就会出现带负荷拉隔离开关；当 220340 接地开关、2203B0、2203C0、103T0 在合上时，当合上 22034 隔离开关就会造成带接地开关送电误操作。通过对隔离开关不能电动操作原因分析，有效防止了发生带负荷拉隔离开关及带接地开关送电的误操作情况，也有效提醒我们在不能电动操作时，不能擅自解锁或手动操作，需从根源上将问题解决，从技术上防止误操作的可能性。

二、案例二——220kV GIS 隔离开关远方遥控不能拉开异常分析

1. 故障简介

××年××月××日，某巡维中心值班员在 220kV ZZ 变电站执行 220kV

SZ 线路的停电操作，当停电操作进行第 8 步到“拉开 220kV 某线线路侧 26764 隔离开关”时，发现在后台监控机进行操作出现“操作超时”，不能正常拉开 26764 隔离开关，同时值班员检查后台监控机信息，并未发现相关的异常信号。

2. 故障分析

远方遥控操作隔离开关不能正常拉开，此类异常涉及回路众多，包括控制回路、电机回路、联锁回路。回路较多，查起来较为复杂，一般建议按照由简单到复杂的方法开始逐个查找原因所在。

（1）各类电源空气开关检查。一般来说，漏合上回路上任意一个电源空气开关亦可能导致此类问题的发生而且较为常见。值班员于是立即对某某线路 26764 隔离开关的控制电源和电机电源进行检查，发现电源空气开关均已经在合上位置，并且使用万用表检查电压正常，满足操作条件。

（2）测控屏、汇控箱及机构箱检查。检查确定控制及电机电源均无问题后，值班员开始检查测控屏、汇控箱及机构箱中“远方/就地”切换开关，检查发现“远方/就地”切换开关确在“远方”位置，测控屏遥控 26764 隔离开关出口连接片在投入位置，同时检查 2676 断路器确在分闸位置没有对隔离开关进行闭锁，隔离开关机构相关继电器、线圈及电动机均无烧坏痕迹，初步检查判断设备状态正常。

（3）二次回路检查。远方遥控二次回路由后台监控机、测控装置、控制回路、联锁回路、电动机回路等 5 个组成部分（如图 5-11 所示），值班员开始准备逐一检查的准备工作。首先电话通知当值调度由于 26764 隔离开关控制回路故障不能遥控分闸需要暂停操作进行现场检查，同时准备好相关的图纸以及万用表，并电话联系继电保护班组到现场进行协助处理异常。

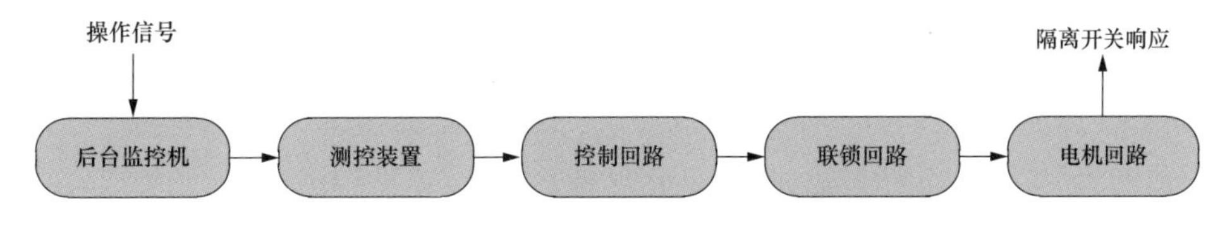

图 5-11 远控操作回路简图

3. 故障处理

根据图纸和现场工作经验，回路应由简单再到复杂来判断故障点。

（1）电动机回路检查。根据电机回路图纸（见图 5-12），先用断开电机回路电源空气开关，再用万用表电阻档测量电机两端 P2-3 和 P2-4 端子，发现电阻正常，再检查测量电机分闸导通回路，KM1 点 14 到 N 极、KM1 点 13 到点 44 以及 KM1 点 43 到 L 极，均未发现异常，可以判断电机回路正常，故障点不在此回路中。

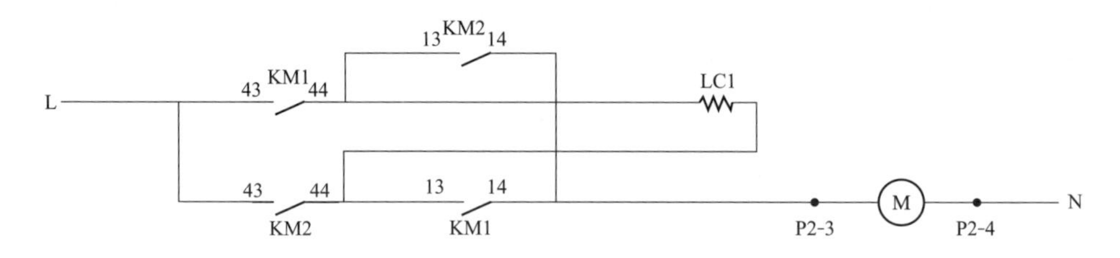

图 5-12　隔离开关电机回路

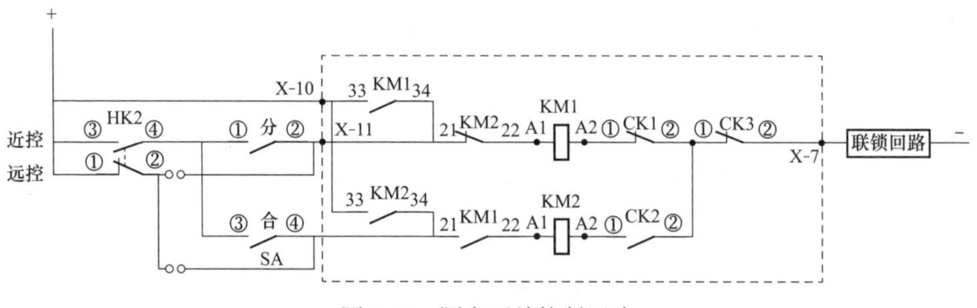

图 5-13　隔离开关控制回路

（2）控制回路检查。电机回路正常，根据工作经验判断，有很大的可能性故障点出现在控制回路中，应仔细进行检查测量。根据控制回路图纸（见图 5-13），“远方/就地”切换开关 HK2 在远方位置时点 1 到点 2 导通。而当 26764 隔离开关在合上位置时，图中分闸回路端子 X-11 至 X-7 中，合闸接触器 KM2 动断接点（点 21 到点 22）应该在动断位置，隔离开关行程接点 CK1 动断接点（点 1 到点 2）应该在动断位置，手动操作辅助接点 CK3 动断接点（点 1 到点 2）应该在动断位置。因而，此时端子 X-11 至 X-7 中所有动断接点均应在动断位置，测量其两端应导通。值班员测量均未发现异常，可以判断控制回路分闸回路正常，故障点不在此回路中。同时，值班员将“远方/就地”切换开关 HK2 切换至“就地位置”，并测量就地分合按钮 SA 点 1 至正极，点 2 到端子 X-11，以及自保持回路端子 X-10 至正极和动合接点 KM1 两侧，均未发现

异常，初步判断控制回路分闸回路“远方/就地”均正常，故障点不在此回路中。

（3）联锁回路检查。根据联锁回路图纸（如图 5-14 所示），26764 隔离开关受 2676B0（ES1）、2676C0（ES2）、267640（FES3）及断路器三相位置（CB1A、CB1B、CB1C）闭锁。根据现场状态可以判断所有接地开关均在拉开位置，断路器三相亦在断开位置，因而所有动断节点均应在动断状态，联锁回路应导通。值班员直接测量联锁回路两端，未发现异常，故障点不在此回路中。

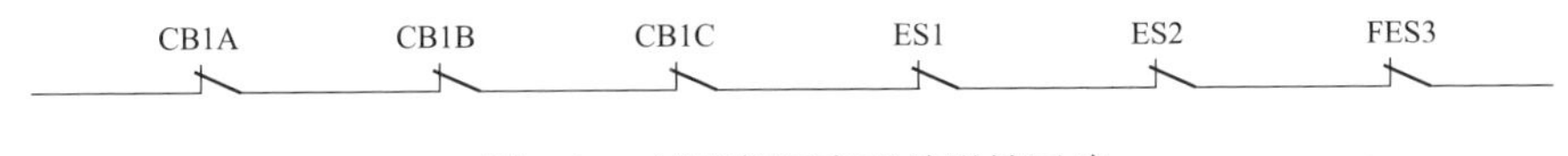

图 5-14　线路侧隔离开关联锁回路

（4）汇控箱（就地）操作。由上述（1）、（2）、（3）点检查可知，电机回路、控制回路、联锁回路检查均未发现异常，可尝试由远控转就地操作，即在汇控箱处操作尝试拉开 26764 隔离开关。值班员将五防任务由监控机转钥匙操作，在 220kV 某线汇控箱执行操作任务第 8 步“拉开 220kV 某线线路侧 26764 隔离开关”，成功拉开 26764 隔离开关。此时可初步判断故障点在后台监控机至测控装置范围。

（5）后台监控机通信检查。由于异常信息反馈为“操作超时”，而不是五防闭锁，可初步判断五防机到后台监控机网络正常，而后台机、五防机、测控装置均通过网络交换机进行信息交换，同时观察到后台监控机数据正常刷新，可判断网线及交换机运行正常。而且值班员在继保班指导下，打开后台监控数据库，对比后台操作 26764 隔离开关命令地址与测控装置 26764 隔离开关命令地址，发现其一致，可将后台监控机故障排除，问题应该在测控装置上。

（6）测控装置检查。根据测控装置到汇控箱部分图纸（见图 5-15），检测线路 Y301 和 Y333 均正常，因而问题应在测控装置本体上。与一般站点相比，检查所有回路均正常，则能正常操作不存在问题，而此 220kV 变电站与一般站点相比有所不同，即其多了间隔层五防。在后台监控机操作合上已分开的 26764 隔离开关，在测控屏 26764 隔离开关遥控出口连接片能用万用表检测到正电位并且 26764 隔离开关能正常合上。值班员再次在后台监控机操作分开，此时测控屏 26764 隔离开关遥控出口连接片未检测到正电位，可判断问题为间隔层五防异常，阻断了正电位信号。值班员在继保班的指导下打开了测控装置的现场检查间隔层五防逻辑表，发现 26764 隔离开关的分规则逻辑错误，通过修改后，26764 隔离开关能正常分合。

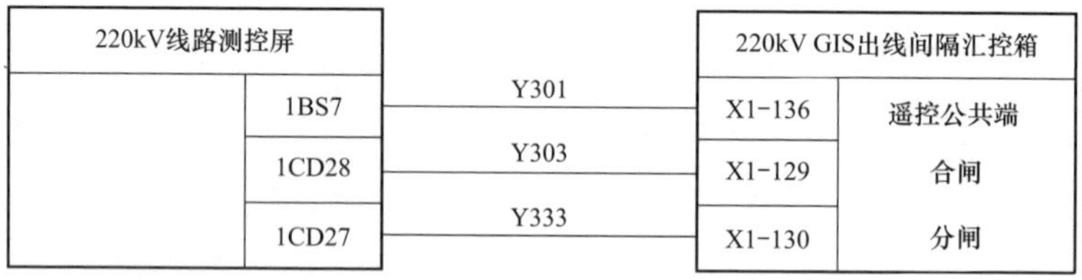

220kV线路测控屏	线号	220kV GIS出线间隔汇控箱	
1BS7	Y301	X1-136	遥控公共端
1CD28	Y303	X1-129	合闸
1CD27	Y333	X1-130	分闸

图 5-15　测控装置到汇控箱远控二次回路线路图

4. 故障总结

远方不能遥控操作故障涉及回路多而复杂，熟悉相关电压等级的隔离开关二次回路，有助于值班员快速判断及查找排除故障。而当隔离开关远方遥控操作失败时，可以先尝试在相关间隔汇控箱进行就地操作，此时能大大提高停送电及时性。同时，间隔五防为新兴事物，值班员应当及时补充相关知识，并在初步排除故障的时候特别是新加间隔五防的变电站站点将其考虑进去，能够大大提高故障排查的及时性。

第六章　110kV 隔离开关二次回路的基本原理及故障实例分析

第一节　110kV 隔离开关二次回路的基本原理

一、控制回路的基本组成

110kV 隔离开关控制回路主要由测控屏内测控单元、110kV 高压场地汇控箱及机构箱等部分组成，如图 6-1 所示。

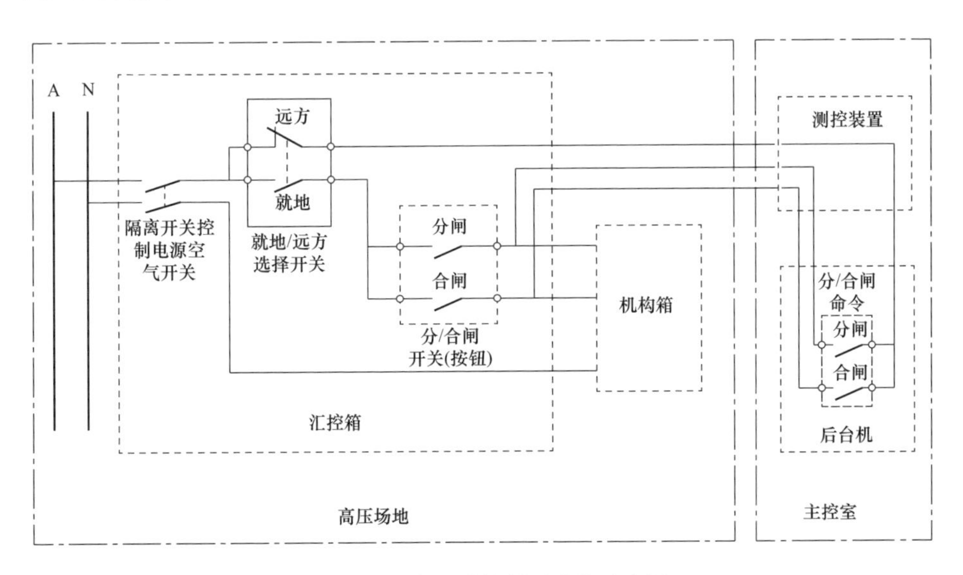

图 6-1　隔离开关控制回路的示意图

二、后台机操作

1. 后台遥控合闸回路

图 6-2 所示，将“就地/远方”选择开关 CK 切换至“远方”位置，触点

①-②接通，触点③-④断开。后台机发出隔离开关合闸命令，合闸接点接通。隔离开关处于拉开位置时，动断接点 KM1、隔离开关合位限位行程开关 SP2 处于闭合状态，手动操作挡板处于封闭状态，其行程开关 SP3 在闭合状态，热偶继电器 KT 辅助触点处于动断状态，当符合“五防”逻辑时，联锁回路处于接通状态，如图红线所示回路接通，合闸接触器 KM2 励磁动作，其动合触点闭合，自保持回路接通，电机回路接通，热偶继电器 KT 不动作，隔离开关电动机正转，隔离开关开始合闸。隔离开关合闸到位后，隔离开关合位限位行程开关 SP2 断开，合闸控制回路失电，合闸接触器 KM2 复归，其动合接点恢复至断开状态，动断接点恢复至闭合状态，电机停止正转。

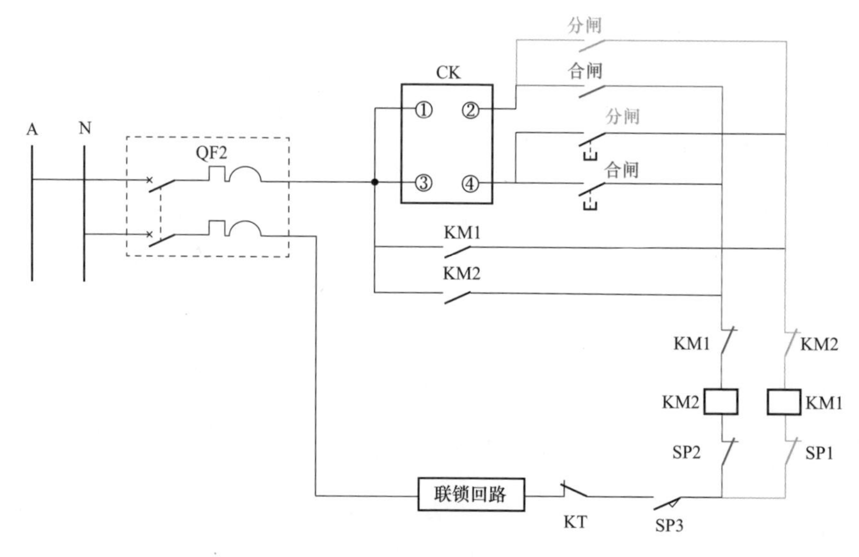

图 6-2　后台操作回路的示意图

2. 后台遥控分闸回路

图 6-2 所示，将“就地/远方”选择开关 CK 切换至“远方”位置，接点①-②接通，触点③-④断开。后台机发出隔离开关分闸命令，分闸接点接通。隔离开关处于合上位置时，动断节点 KM2、隔离开关分位限位行程开关 SP1 处于闭合状态，手动操作挡板处于封闭状态，其行程开关 SP3 在闭合状态，热偶继电器 KT 辅助触点处于动断状态，当符合“五防”逻辑时，联锁回路处于接通状态，如图绿线所示回路接通，分闸接触器 KM1 励磁动作，其动合触点闭合，自保持回路接通，电机回路接通，热偶继电器 KT 不动作，隔离开关电

动机反转，隔离开关开始分闸。隔离开关分闸到位后，隔离开关分位限位行程开关 SP1 断开，分闸控制回路失电，分闸接触器 KM1 复归，其动合接点恢复至断开状态，动断接点恢复至闭合状态，电机停止反转。

三、汇控箱操作

1. 就地合闸回路

图 6-3 所示，将“就地/远方”选择开关 CK 切换至“就地”位置，接点③-④接通，接点①-②断开。在汇控箱按下“合闸”按钮，如图红线所示回路接通，合闸接触器 KM2 励磁动作，其动合接点闭合，自保持回路接通，电机回路接通，电动机正转，隔离开关开始合闸。松开合闸按钮后，合闸命令消失，依靠自保持回路来保障隔离开关在合闸过程中，合闸控制回路一直处于导通状态，直至合闸到位。

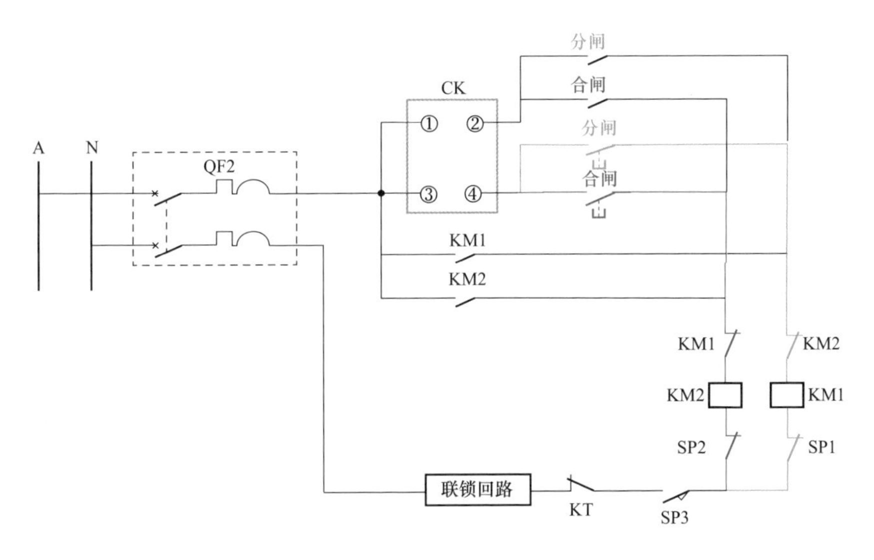

图 6-3 汇控箱操作回路的示意图

2. 就地分闸回路

图 6-3 所示，将“就地/远方”选择开关 CK 切换至“就地”位置，接点③-④接通，接点①-②断开。在汇控箱按下“分闸”按钮，如图绿线所示回路接通，分闸接触器 KM1 励磁动作，其动合接点闭合，自保持回路接通，电机回路接通，电动机反转，隔离开关开始分闸。松开分闸按钮后，分闸命令消

失，依靠自保持回路来保障隔离开关在分闸过程中，分闸控制回路一直处于导通状态，直至分闸到位。

3. 联锁回路

以 110kV 线路变压器组接线方式为例，其联锁回路主要由主变压器断路器及相关接地开关的辅助接点构成，用于防止电气误操作。

图 6-4 所示，当主变压器断路器 QF 分闸，主变压器断路器线路侧接地开关 01G1 拉开，线路侧接地开关 01G2 拉开，图中的动断接点闭合，联锁回路接通，线路侧隔离开关 1G 具备分合闸条件。

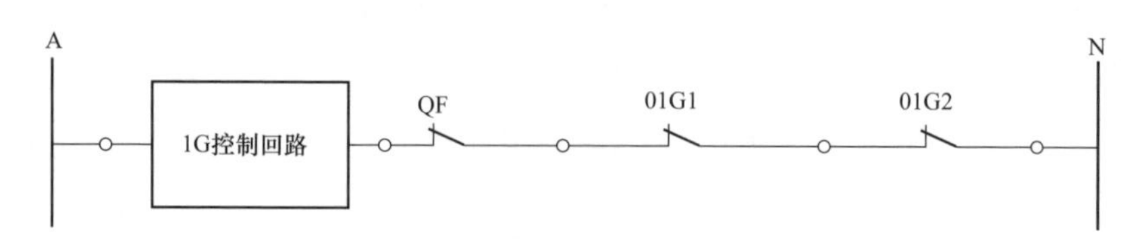

图 6-4　联锁回路的示意图

四、机构箱就地操作

图 6-3 所示，以手拨开手动操作挡板，其行程开关 SP3 在断开状态，隔离开关的电动分合闸回路断路，合闸接触器 KM2、分闸接触器 KM1 失电，其动合接点保持断开状态，隔离开关的电机回路断路，此时可以将摇把插入摇孔进行手动操作。操作完后，SP1、SP2 根据隔离开关的位置相应变位，松开挡板后，自动封闭，SP3 恢复闭合位置。

五、电机回路

图 6-5 所示，当隔离开关的合闸控制回路通电时，合闸接触器 KM2 励磁动作，其动合接点闭合，电动机回路接通，电动机正转，隔离开关由分开位置转为合上位置；当隔离开关的分闸控制回路通电时，分闸接触器 KM1 励磁动作，其动合接点闭合，电动机回路接通，电动机反转，隔离开关由合上位置转为分开位置。

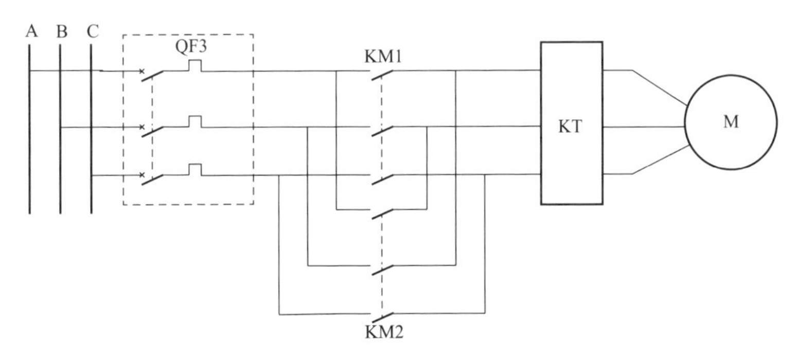

图 6-5　电机回路的示意图

第二节　110kV 隔离开关故障实例分析

一、案例一——110kV 敞开式隔离开关合闸不到位异常分析

1. 故障简介

××年××月××日，某巡维中心值班员在 220kV JH 变电站执行 110kV JT 线路的送电操作，当送电操作进行第 17 步到“检查 110kV ××线 2M 号母线侧 1322 隔离开关在合闸位置”时，现场检查发现 1322 隔离开关一次设备合闸不到位，1322 隔离开关动静触头已经初步接触并合上但未完全到位，同时值班员检查后台监控机信息，并未发现相关的异常信号。

2. 故障分析

敞开式隔离开关分合闸不到位为常见类故障，此类故障涉及设备的一次方面及二次方面，一般现场排查按照由一次到二次的方法开始逐步寻求原因所在从而解决此问题及时停送电。

（1）现场一次设备初查。在通常情况下，户外的敞开式隔离开关由于日晒雨淋，运行年限逐渐增加，设备渐渐老化，导致一次设备锈蚀、卡阻、零件脱落等原因造成隔离开关分合闸不到位的情况并非罕见。值班员于是立即对某线路 1322 隔离开关的外观进行检查，检查发现 1322 隔离开关的底座、支撑绝缘子、操作连杆、导电部分及触头外观状态均良好，未见设备锈蚀、卡阻、零件脱落等异常情况，满足操作条件。

（2）重新分合隔离开关检查。由（1）可知现场设备外观状态良好，可以尝试重新分合 1322 隔离开关进而检查判断是隔离开关内部机构卡涩或是二次回路部分出现故障导致 1322 隔离开关合闸不到位的异常状况。值班员在汇控箱就地操作，尝试拉开 1322 隔离开关，并观察其状态，1322 隔离开关在拉开过程中，观察到其动作连贯，分闸到位，未见明显异常情况，初步判断 1322 隔离开关一次设备内外结构均正常。值班员再次尝试合上 1322 隔离开关，在汇控箱就地按下合闸按钮后未见隔离开关明显动作，可判断为在 1322 隔离开关合闸过程中，二次回路出现故障导致其合闸不到位。

（3）二次回路检查。汇控箱就地操作合闸二次回路由控制回路、联锁回路、电机回路三个组成部分（见图 6-6），值班员需要做好查找二次回路故障前准备工作，首先电话通知当值调度，由于 1322 隔离开关二次回路故障不能合闸需要暂停操作进行现场检查，同时准备好相关的图纸以及万用表，并电话联系继电保护班组到现场进行协助处理异常。

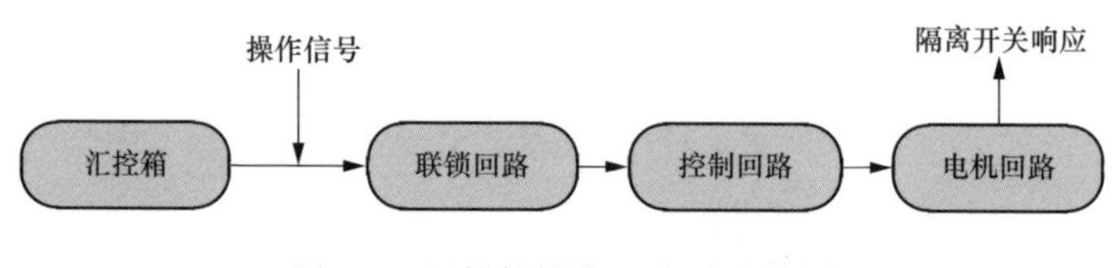

图 6-6　汇控箱操作二次回路简图

3. 故障处理

根据现场 1322 隔离开关异常情况：第一次合闸未完全到位后，分闸正常，再次合闸失败，可初步考虑为 1322 隔离开关在合闸过程中的振动导致其机构箱内的电机合闸回路二次线松脱出现此情况，因而可先从电机回路开始查找故障点。

（1）电机回路检查。根据电机回路图纸（见图 6-7），电机合闸回路由电机电源控制开关 Q1，合闸继电器动合触点 K2，分闸继电器动断触点 K1，热偶继电器及电机本体组成。由电机分闸回路正常可判断，若合闸回路出现故障，则故障点必在合闸继电器动合触点 K2，分闸继电器动断触点 K1 及其接线中。首先断开电机回路电源空气开关，用万用表电阻档测量 L1 回路中 Q1 点 1 到 K2 点 24，K2 点 23 到 K1 点 71、K1 点 72 到热偶继电器点 2，以及其他两相回路相同地方，测量其电阻正常，均未发现异常，可以判断电机回路正常，故障点不在此回路中。

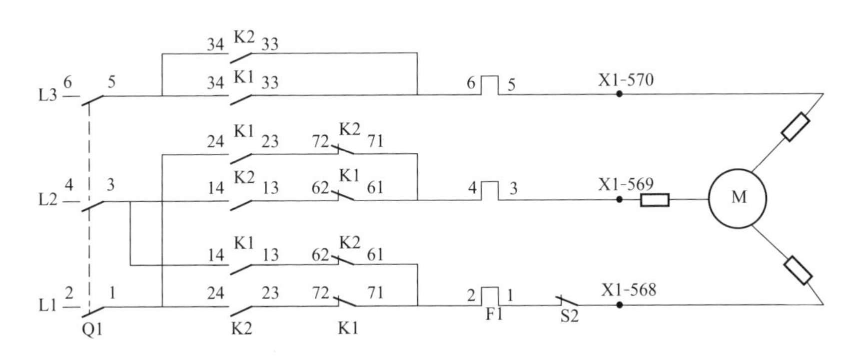

图 6-7　电机回路

（2）控制回路检查。汇控箱操作隔离开关合闸的控制回路由控制回路就地合闸回路、就地分闸回路及联锁回路组成。根据控制回路图纸（见图 6-8），可由整体到局部的方法进行查找故障点所在。而当 1322 隔离开关在分闸位置时，图中就地合闸回路中，分闸接触器动断触点 K1（点 81 到点 82）应该在动断位置，隔离开关行程节点 S1 动合接点（点 7 到点 8）应该在闭合位置，电动机回路热偶继电器触点 F1 动断触点（点 96 到点 95）应该在动断位置，手动操作辅助接点 S2 动断接点（点 11 到点 12）应该在动断位置。因而，此时合闸按钮 S5 下端点 34 至负极中所有动断接点均应在动断位置，测量其两端应导通。值班员测量均未发现异常，可以判断控制回路合闸回路正常，故障点不在此回路中。

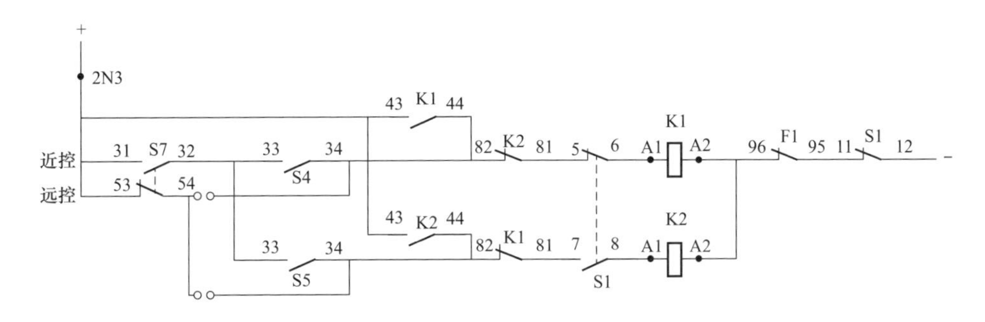

图 6-8　控制回路

（3）联锁回路检查。根据联锁回路图纸（如图 6-9 所示），1322 隔离开关受 1321（1G）、132B0（02G）、132C0（03G1）及断路器位置（DLa）闭锁。根据现场状态可以判断所有 1321（1G）、132B0（02G）、132C0（03G1）均在拉开位置，断路器三相亦在断开位置，因而所有动断节点均应在动断状态，联锁回路应导通。值班员直接测量联锁回路两端，未发现异常，故障点不在此回路中。

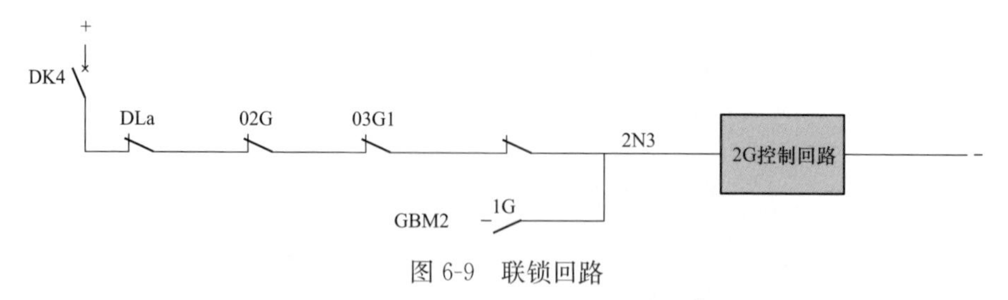

图 6-9　联锁回路

(4) 继电器检查。由上述 (1)、(2)、(3) 点检查可知，电机回路、控制回路、联锁回路检查均未发现异常，可考虑是由继电器存在动合触点损坏，在合闸回路导通后，动合触点不能正常闭合导致隔离开关无法正常动作，如自保持回路 K2 动合触点（点 43 至点 44）无法闭合则隔离开关无法使电机持续得电使其合上，电机回路 K2 动合触点无法闭合则会导致电机无法启动。值班员通知继保班用同型号备品更换 K2 接触器，更换后再次在汇控箱操作合上 1322 隔离开关，隔离开关此时能正常合闸并合闸到位，因而可判断此次故障是由 K2 接触器的内部元件损坏导致其存在动合触点无法正动断合导致的。

4. 故障总结

隔离开关合闸不到位的异常情况可能由一次或二次问题导致的，值班员此时不仅要熟悉隔离开关的一次结构，更要熟悉二次回路原理才能快速判断故障所在。而本次故障中，继电器内部触点损坏的情况还是比较少见的，当一、二次均未能在常规情况下排查出故障点，可将目光锁定在各个继电器上进行进一步排查。同时，后续应将本故障中 K2 接触器同类型继电器进一步排查，判断其为家族性缺陷亦或是非常规性情况，若为家族性缺陷则应做进一步的更换处理。

二、案例二——110kV GIS 隔离开关无法电动合闸故障分析

1. 故障简介

××年××月××日，值班员在 XM 变电站执行“合上 110kV ××线路侧 1014 隔离开关”操作任务，当在就地汇控箱插入五防钥匙，按下 1014 隔离开关合闸按钮时，发现隔离开关未动作，随即检查发现 1014 隔离开关电机电源空气开关跳开，尝试多次合上电源空气开关，均出现一合即跳的现象，1014 隔离开关电动机电源空气开关如图 6-10 所示。

2. 故障分析

如果隔离开关二次回路出现故障，应根据故障现象结合图纸进行回路分析，判断故障点的范围、故障原因，按可能性逐一列出，再逐一排查，然后处理。

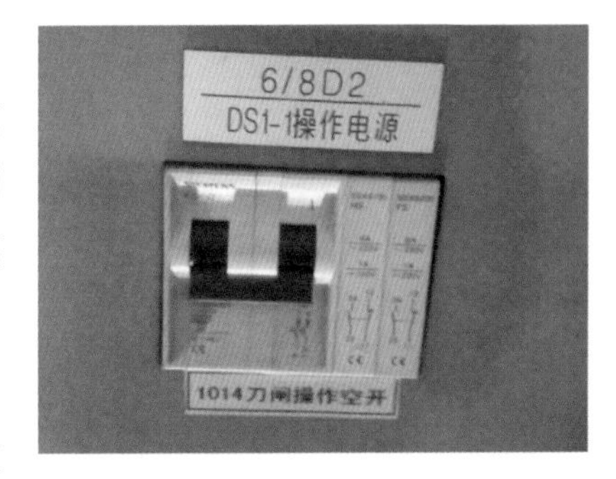

图 6-10　1014隔离开关电动机电源空气开关

XM站110kV间隔设备为××公司生产的三相共箱式封闭式组合电器，本文将从1010隔离开关的二次控制回路和电动机回路图进行详细分析，其中，XM站110kV（GIS）接线图如图6-11所示，XM站110kV 1014二次控制回路图如图6-12所示，1号主变压器间隔电动操作电源回路如图6-13所示。

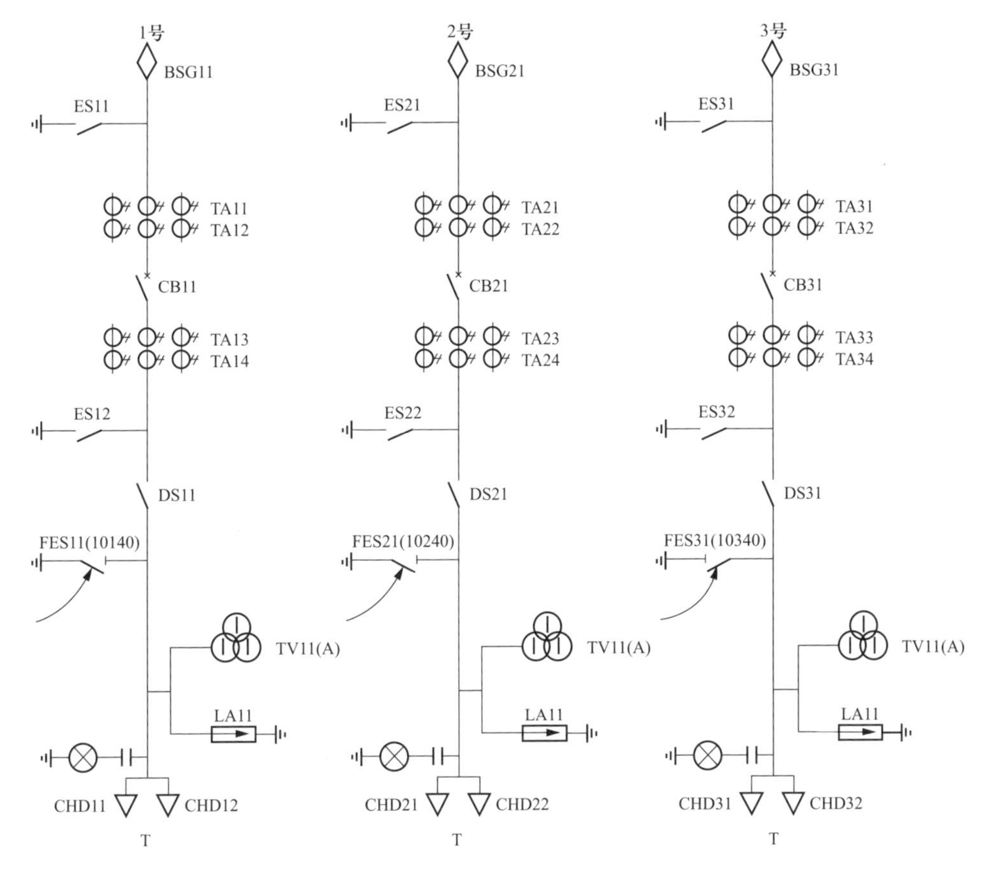

图 6-11　XM站110kV（GIS）接线图

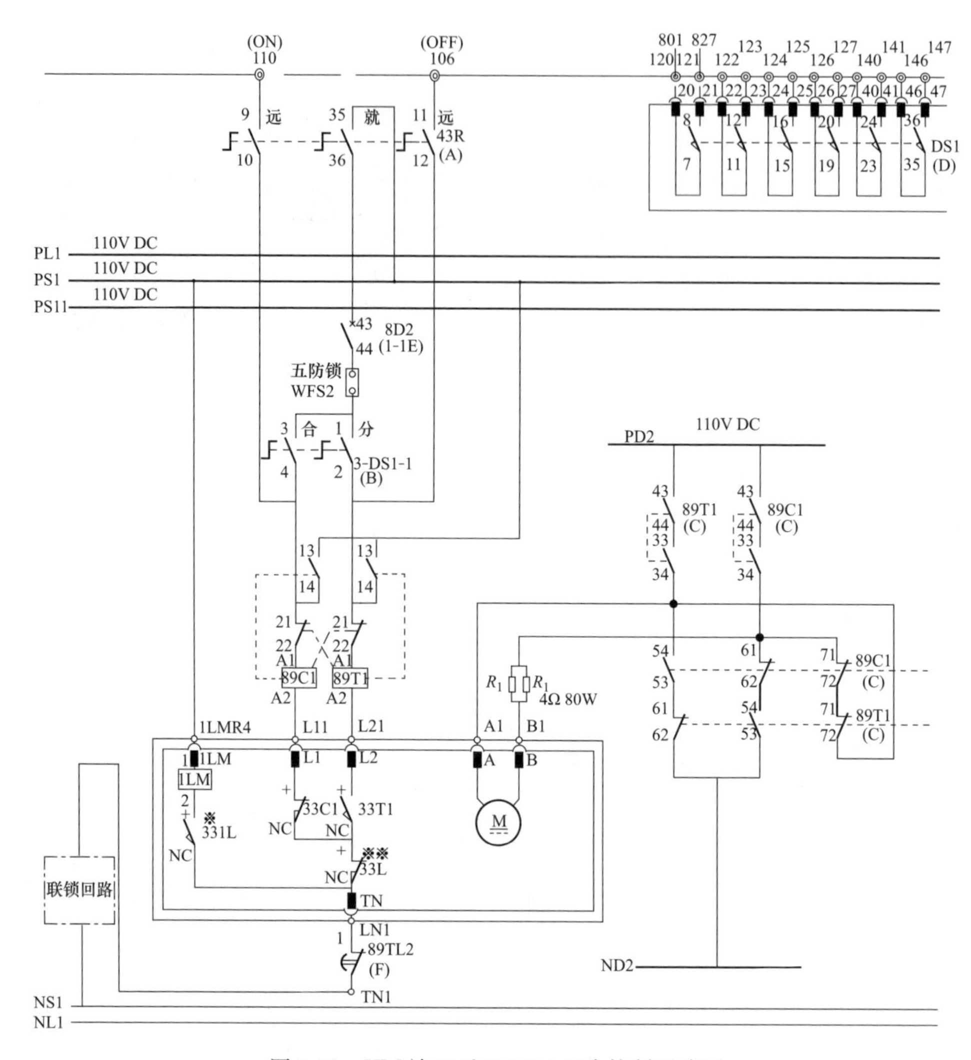

图 6-12　XM 站 110kV 1014 二次控制回路图

图 6-12 中 XM 变电站 110kV 1014 二次控制回路图中符号说明如表 6-1 所示。

表 6-1　　1014 隔离开关二次回路图符号说明

符号	名称		符号	名称
89T	电磁接触器	开路用	33IL	按钮开关
89C		闭路用		
33T1 33C13	电动机控制用端限位开关		M	直流电动机
33L	接地装置手动操作 联锁用限位开关		ILM	手动操作阻止解除用电磁铁

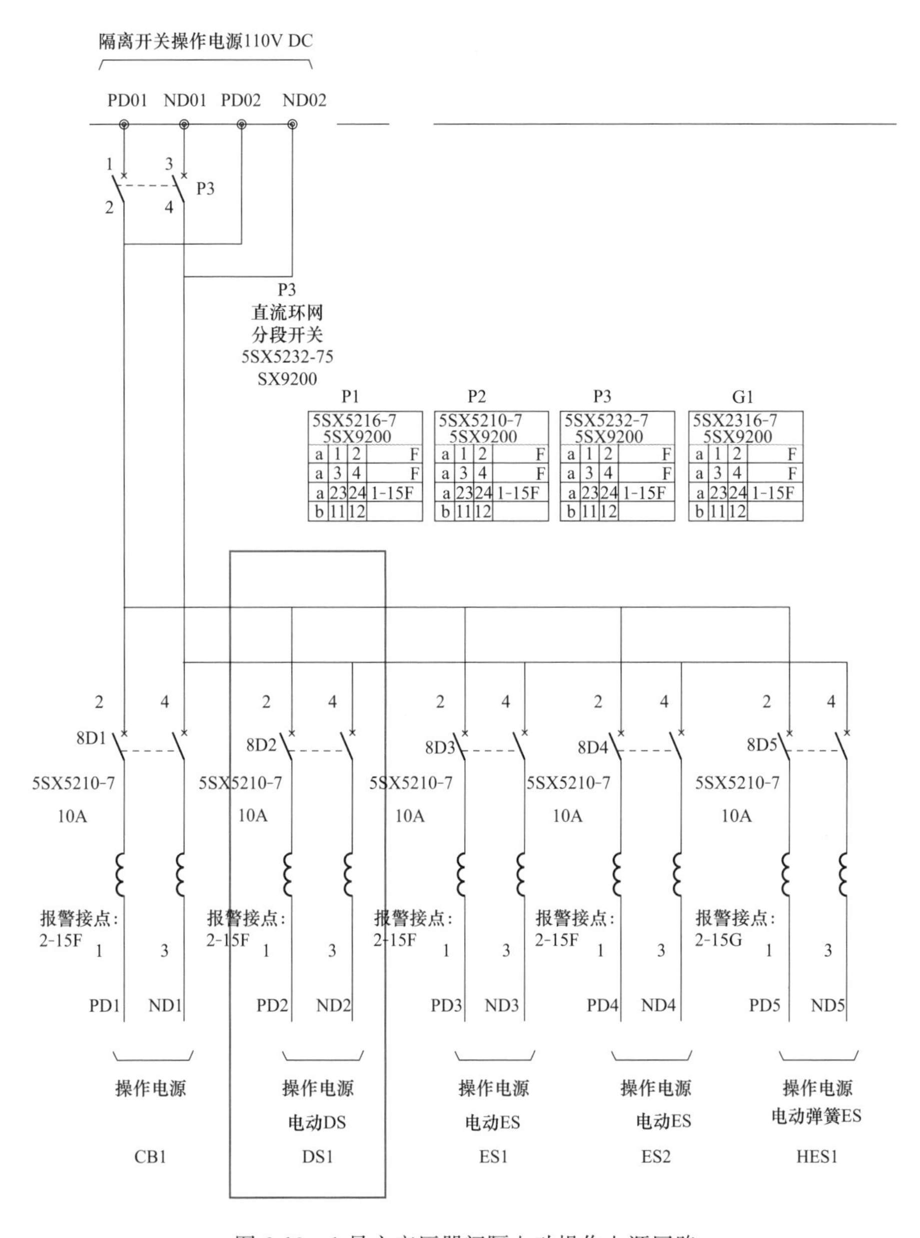

图 6-13　1 号主变压器间隔电动操作电源回路

图 6-13 中红色框图内为 1014 隔离开关操作电源部分。

在正常情况下，1014 隔离开关具体合闸过程为插入五防锁，提示允许合闸后，按下合闸按钮 3-DS1-1，89C1 继电器线圈励磁带电，触点吸合。电动机回路中 89C1 33-34 动合触点闭合，电动机回路接通，驱动电动机回路正转，合隔离开关，回路动作情况如图 6-14 所示。

当合闸到位后，33C1 行程开关接点断开，切断 89C1 线圈回路，89C1 失电，触点释放，此时，89C1 的另一对动断触点 71-72 闭合，电机制动回路接通，电动机制动回路动作情况如图 6-15 所示，图 6-14 中箭头表示电流流向。

电动机因惯性仍在运转，依靠制动回路消耗能量，直至电动机停转，至此整个合闸过程结束。

3. 故障处理

为了确认隔离开关控制回路完好，能正常控制隔离开关电动机转动，需要首先检查隔离开关的控制回路，步骤如下。

（1）断开机构箱内电动机电源空气开关。

（2）将端子箱内远方/就地选择开关打至“就地”位置。

（3）将微机五防锁匙插入相应的插座内。

（4）按住端子箱内的“合闸”按钮，用万用表电压档测量合闸接触器 89C1 的 A1 触点为＋110V，A2 触点为－110V，且合闸接触器 89C1 励磁动作，可判断控制回路及闭锁回路正常。

经检查，初步认为故障点在电机的工作回路中，用万用表电阻档测量电机回路，89C1 继电器线圈保持励磁的情况下，电机回路中 89C1 33-44 动合触点闭合。而电机制动回路中另一对 89C1 71-72 动断触点并未断开，致使出现短路现象：电机电源正电通过 89C1 的 33-44，经 89C1 的 71-72，经 89T1 的 71-72，再经 89T1 的 53-54，经 89T1 的 61-62 至负电，即将 DS1 的操作电源短路（PD2 与 ND2 短路），电机电源空气开关一合即跳，短路现象具体见图 6-16 电源短路回路图。

4. 故障总结

本案例中的隔离开关电机回路中串接了分合闸继电器辅助触点由于电机制动回路中的 89C151-52 动断触点损坏，导致按下合闸按钮后，直接将 DS1 的操作电源短路，出现电机电源空气开关一合即跳的故障现象，在电机回路中串接了分合闸继电器辅助触点这种情况相对比较少见，在查找故障的时候，容易被忽略，如果在常规查找下，无法确定故障点，可继续对制动回路进行排查。

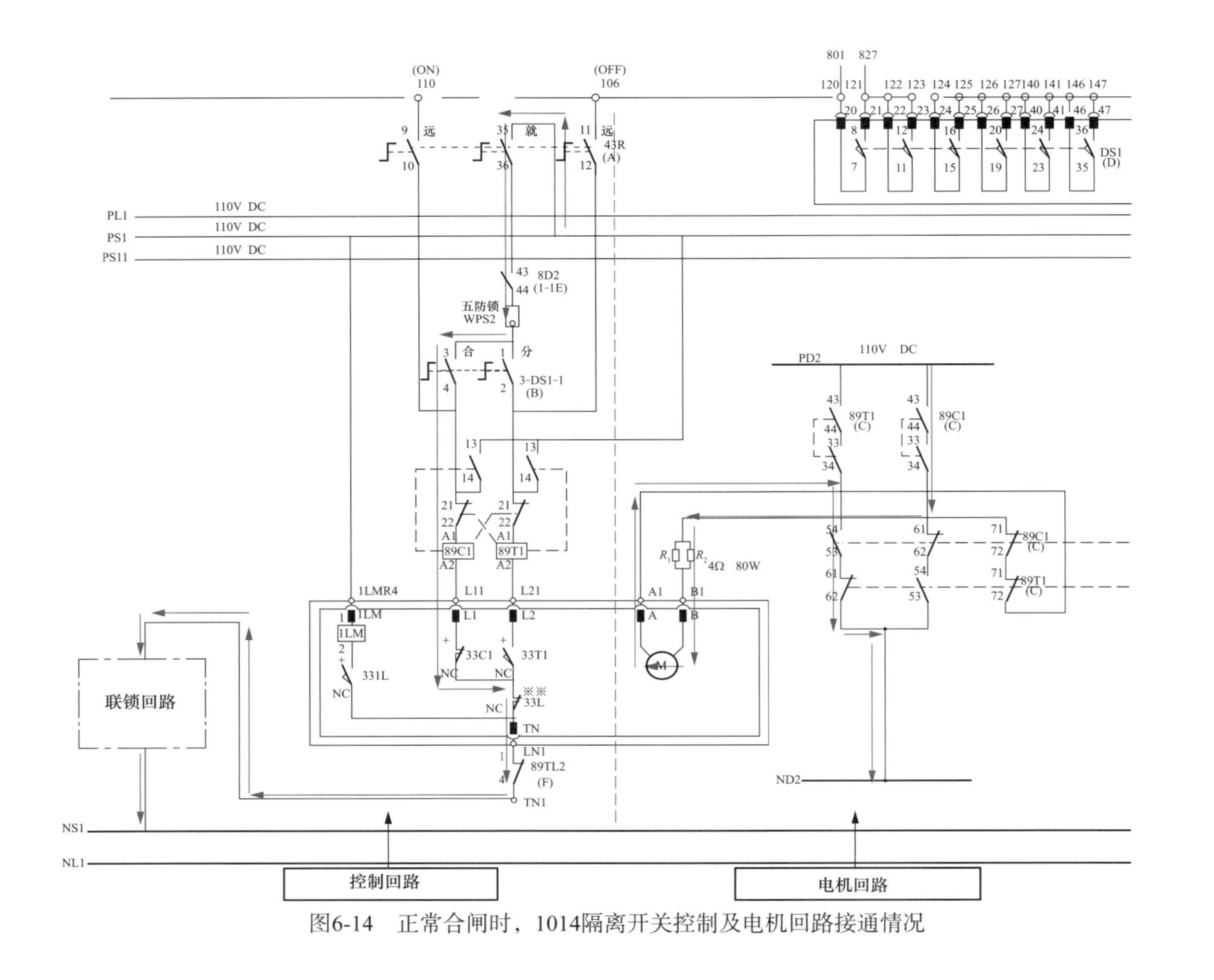

图6-14　正常合闸时，1014隔离开关控制及电机回路接通情况

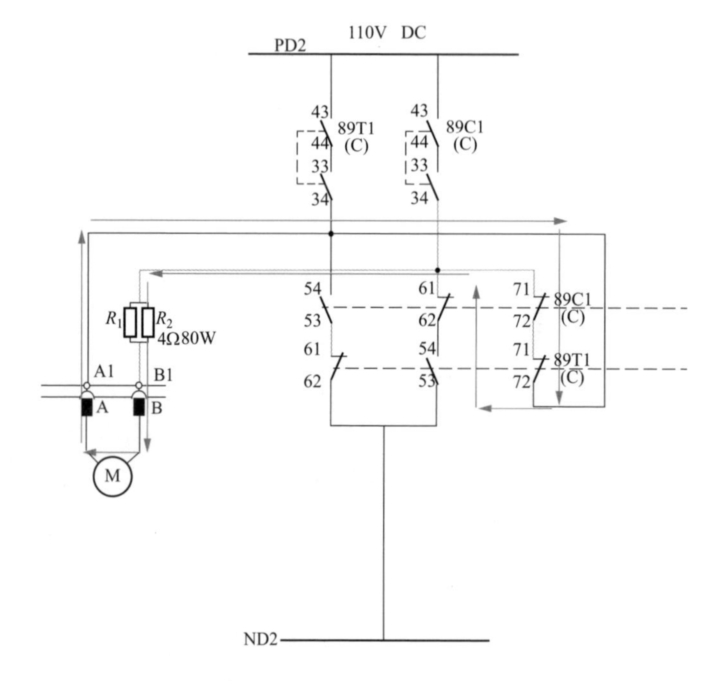

图 6-15　正常合闸到位后，1014 隔离开关电动机制动回路接通情况

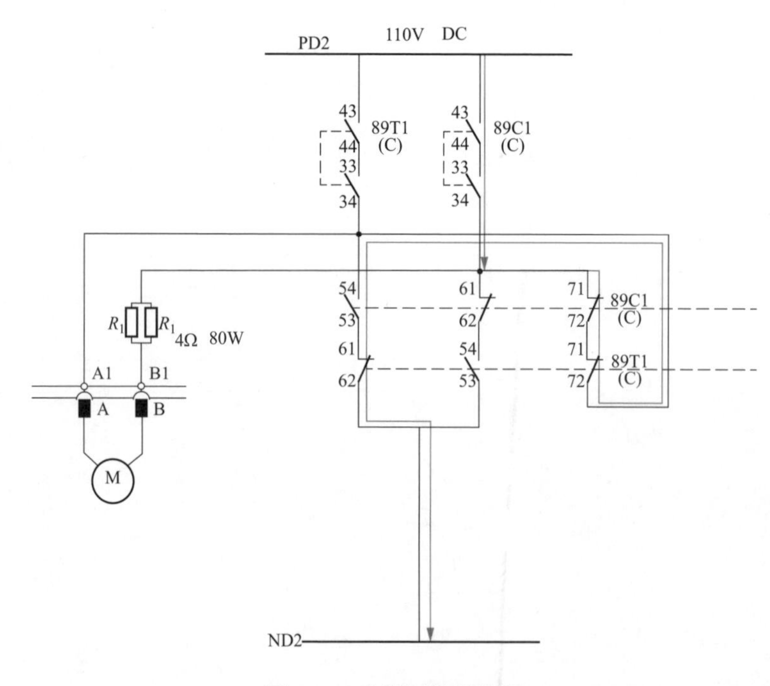

图 6-16　电源短路回路图